沾益海峰自然保护区

倪家广　主　编

U0298689

云南出版集团

YNK 云南科技出版社

·昆　明·

图书在版编目（CIP）数据

沾益海峰自然保护区 / 倪家广主编 . -- 昆明 ：云
南科技出版社，2021.8
ISBN 978-7-5587-3719-0

Ⅰ．①沾… Ⅱ．①倪… Ⅲ．①自然保护区－森林资源
－调查报告－沾益县 Ⅳ．① S759.992.744

中国版本图书馆 CIP 数据核字（2021）第 164820 号

沾益海峰自然保护区

倪家广　主编

出 版 人：温　翔
责任编辑：龙　飞
整体设计：木束文化
责任校对：秦永红
责任印制：蒋丽芬

书　　号：ISBN 978-7-5587-3719-0
印　　刷：昆明高湖印务有限公司
开　　本：787mm×1092mm　　1/16
印　　张：12.25
字　　数：200 千字
版　　次：2022 年 8 月第 1 版
印　　次：2022 年 8 月第 1 次印刷
定　　价：86.00 元

出版发行：云南出版集团　云南科技出版社
地　　址：昆明市环城西路 609 号
电　　话：0871-64190978

《沾益海峰自然保护区》编委会

主　编：倪家广

副主编：阮方佑　李章贵　张跃明　王东田

参与编撰人员：张正华　李祥生　孙常刚　胡家云
　　　　　　　李忠正　舒婷婷　谢　靖　韩　雪

照片提供：曲靖市沾益区林业和草原局
　　　　　沾益海峰省级自然保护区管护局

湿 地 景 观

沾益海峰干海子湿地

沾益海峰喀斯特地貌——天坑

沾益海峰喀斯特湿地景观(一)

沾益海峰湿地周边森林植被

沾益海峰喀斯特湿地景观(二)

沾益海峰喀斯特湿地景观(三)

沾益海峰国家 2 级保护动物——黑鹳

沾 益 海 峰 苍 鹭

沾益海峰湿地周边土地利用情况（一）

沾益海峰湿地周边土地利用情况（二）

沾益海峰周边石漠化状况

沾 益 海 峰 海 菜 花

沾 益 海 峰 湿 地 近 景

海峰湿地

水土流失

石山植被

石芽溶沟

天坑群外貌

湿地1

湿地2

黄背栎林

云南松栓皮栎混交林

滇青冈林

云南松树王

黄杉林

旱冬瓜林

元江栲林

油杉林

云南松林外貌

栓皮栎林

云南松林

华山松林

国家二级保护植物——扇蕨

国家二级保护植物——中国蕨

清香桂

国家二级保护植物——黄杉

黄杉果枝

云南山茶

国家二级保护植物 海菜花

天坑外貌

考察天坑

天坑地下森林

天坑内景

天坑植物群落

溶洞景观1

溶洞景观2

地下森林结构

湿 地 鸟 类

鸬鹚

苍鹭

云南省保护鸟类——斑头雁

国家二级保护鸟类——灰林鸮

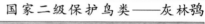

国家二级保护鸟类——黑翅鸢

多种野鸭

牛背鹭（左）与苍鹭（右）

国家二级保护鸟类——白腹锦鸡

湿地监测与巡护

管理局

保护湿地就是保护我们
自己赖以生存的家园

沾益县海峰自然保护区管理局宣

县级林板海峰湿地禽流感预测监测点

公益林保护区

前　言

沾益海峰省级自然保护区位于滇东高原北部的曲靖市沾益区（2016 年前叫沾益县，下同）境内，该区域处于乌蒙山系南延的滇东高原喀斯特山地核心部位，基本地貌由准平原抬升而成的高原面和受牛栏江切割而成的峡谷两大部分组成。由于在复杂而漫长的地质演化过程中，形成了非常独特而少见的地貌结构组合，为动植物的生长、发育、繁衍提供了优越的环境条件，因而记录了保护区的生态系统多样性，生物物种多样性和遗传多样性。其周围由相对隆起的中山山地、峰林、峰丛、孤峰及森林环境共同构成的湿地生态系统，不仅环境优美，同时又为各种鸟类提供丰富食源，吸引了很多候鸟到这里觅食、栖息和越冬，成为云南省具代表性的典型喀斯特湿地景观。保护区内还有多处溶洞、地下河、落水洞及竖井状、漏斗状塌陷天坑等地下喀斯特地貌，特别是大型天坑内，因其特殊的生境条件而形成特殊的植物群落——天坑森林，成为滇中、滇东地区特有的森林类型，这些天坑群分布之集中，面积之大，深度之深，其底部形成的天坑森林，是省内独有的，在国内外实属罕见。保护区独具特色的自然资源，不仅有着巨大的旅游价值，而且有很高的科研、科考和保护价值。

由于沾益海峰自然保护区内具有的云贵高原长江中上游的喀斯特湿地生态系统、天坑群及其特有的植物群落，受到社会各界的广泛关注。云南省人民政府于 2002 年 5 月 13 日以"云政复〔2002〕48 号"文件作出批复，同意建立云南沾益海峰省级自然保护区，保护区的主要保护对象为：岩溶湿地生态系统、特殊的岩溶"天坑"森林、多种珍稀野生动植物种类及其栖息环境。根据《自然保护区类型与级别划分原则》（GB/T 14529—93），沾益海峰省级自然保护区属于自然生态系统类别中的湿地生态系统类型的自然保护区。

为加强沾益海峰省级自然保护区的建设与管理，妥善解决自然保护区保护建设管理与地方经济发展存在的问题和矛盾，更好地规范沾益海峰省级自然保护区的管理及建设行为，提升保护区的管理水平，2007 年完成《云南沾益海峰省级自然保护区总体规划 2008—2015》编制工作。《云南沾益海峰省级自然保护区总体规划2008—2015》于 2008 年经云南省人民政府批准（批准文号：云政复〔2008〕60 号），批复的保护区面积 26610.0hm²，其中核心区面积 2695.1hm²，占 10.12%；缓冲区面积 1823.9hm²，占 6.86%；实验区面积 22091.0hm²，占 83.02%。

随着经济社会的发展，保护区周边社区建设步伐加快，一些改善和提高民生的基础设施建设势在必行，为有效化解保护与发展之间的矛盾，让惠及民生的基础设施建设项目顺利落地，有必要对保护区进行功能区调整。2016 年 8 月，海峰省级自然保护区管护局委托国家林业局昆明勘察设计院，开展海峰保护区的功能区调整工作。2017 年 3 月，云南省人民政府以《云南省人民政府关于沾益海峰省级自然保护区功能区划调整的批复》（云政复〔2017〕17 号）批准海峰省级自然保护区的功能区调整。调整后保护区总面积 26610.0hm^2，其中核心区 2695.1hm^2，占保护区总面积的 10.12%；缓冲区 1835.1hm^2，占保护区总面积的 6.90%，实验区 22079.8hm^2，占保护区总面积的 82.98%。调整后保护区、核心区面积不变，缓冲区面积由 1823.9hm^2 调整为 1835.1hm^2，实验区面积由 22091.0hm^2 调整为 22079.8hm^2。

本书的编制主要基于《云南沾益海峰自然保护区综合考察报告》和《云南沾益海峰省级自然保护区总体规划 2008—2015》《沾益海峰省级自然保护区功能区调整论证报告》和（云政复〔2017〕17 号）批准海峰省级自然保护区的功能区调整，同时通过调查了解保护区近期实施的工程项目、建设管理情况，把相关资料整理后充实到相关章节，丰富了编写内容，使本书能成为既有理论基础，又有实践性的自然保护区资料性专著。愿本书能为沾益海峰省级自然保护区今后的建设管理提供帮助，并为下一步的科学研究与实验作一些借鉴。使自然保护区建立，无愧于大自然的馈赠，无愧于人类的文明。

本书的编制过程中得到上级主管部门和沾益区林业和草原局（原林业局，下同）的大力支持，在此表示衷心感谢！

由于编者水平所限，还有许多领域有待作进一步的研究，在内容上还有遗漏和不足之处，敬请批评指正。

编　者
2021 年 2 月

目　录

第一章　自然地理环境

第一节　地理位置

云南省沾益海峰自然保护区地处滇东高原北部，位于曲靖市沾益区西部，其地理位置介于东经 103° 29′ 36.6 ″ ～ 103° 43′ 19.7 ″，北纬 25° 35′ 5.7 ″ ～ 25° 57′ 19.7 ″。东西宽 22km，南北长 41km，区内最低海拔苏家村西部牛拦江边，为 1840m，最高点有区内南部的大黑山，海拔 2414m，相对高差 574m，辖区包括大坡乡、菱角乡部分地区，东靠珠江、金沙江分水岭，西临金沙江支流牛栏江，南接沾益、寻甸、马龙三县（区）边界，北毗宣威市，整个保护区属于金沙江水系。保护区总体规划面积 26610.0hm²，其中大坡乡 16665.0hm²，菱角乡 9945.0hm²。

第二节　地形地貌特征

海峰自然保护区是一块面积不大，但又十分特殊的地区，它在复杂的自然环境和岩石、构造等条件的影响下，形成一块非常独特的地貌结构组合，也保存有一些其他地区少见的地貌形态，这些特殊的地貌及其组成的生态系统，保护价值极高。

一、地质基础

海峰自然保护区虽然面积较小，但其地质条件仍较复杂，它表现为岩石与地层的多样性与构造体系的多元性相结合，以此基础上，发育并演化了该地区的生态环境。

（一）岩石与地层

保护区内的地层除第四系河湖与洞穴堆积外，全部为古生界各系的地层，所出露的岩石以碳酸岩类的石灰岩和白云岩为主，碎屑岩类的砂页岩次之，有少量岩浆与现代沉积。

（二）构造

自然保护区属于杨子准地台西部的曲靖台褶束，它是滇东台褶带的一部分，从构造形态来看，是一个复背斜的核部与其西翼的大部地区，其东翼并入珠江源保护区内。受构造变动的影响，区内的大型断裂带的延伸方向与复背斜的方向基本一致，均呈北东—南西方向，保护区南部转为近东西向，次一级断裂断距较短，约为西北—东南方向，受断裂与不等量抬升的双重影响，造成两侧东北—西南向的相对隆升的山地，夹持于其中的有兰石坡海子（坝子）、菱角塘与赤章等坝子，东侧的大坡、卡郎等坝子也与不等量抬升和相对下陷有关。

近期这一带的新构造运动仍很活跃，表现为地壳缓慢的抬升，受构造变形，断裂的分布与新构造不等量抬升的多方面影响，对本区域内的各类微地貌的形成与不断演化，有着重大的影响。

二、地貌及其类型

由于自然保护区所包括的范围不大，故在大的地貌形态上，基本上同属一个地貌区，其变化不大，但受岩性、构造等因素的影响，区内的微地貌形态仍很复杂，有些地貌形态还很典型与特殊。

（一）地貌特征

从大的地貌单元来看，自然保护区隶属于滇东喀斯特高原的核心部位，其基本地貌为由准平原抬升后而成的高原面和受牛栏江切割而成的峡谷两大部分组成，其他微地貌形态散布于两大地貌形态之中。从宏观观察，区内仅有大片起伏和缓的高原面和一道中等和深切割的峡谷两类地貌，看似比较简单，但从微观上看，高原是由凹陷的盆地、洼地、相对隆起的中山山地，剥蚀残余的峰林、溶丘、孤峰，以及各类溶蚀漏斗，溶蚀洼地、盲谷、深陷天坑、地下河和溶洞等共同组成，看起来又较复杂。同样峡谷内，浅滩、阶地、陡崖、涌泉、溶洞等也组成一套复杂的地貌组合。

保护区内存在着大面积的石灰岩、白云岩和白云质灰岩，从地壳抬升和地下水溶蚀或侵蚀的影响，形成一套类型齐全，又较典型的地貌组合形态。应该讲，不论地表喀斯特的石芽、溶沟、溶丘、溶斗、溶蚀洼地、峰林、峰丛、孤峰等均有分布，地下喀斯特的落水洞、竖井、地下河、地下溶洞等也大量存在，其中特别是喀斯特大型洼地中形成的湿地、湖泊、超大型竖井漏斗型的塌陷天坑的存在，更使得该区的地貌形态又增加了特有的色彩。

该地区的西部，牛栏江切穿了高原面，形成中等和深切割的峡谷，高原面边缘相对隆起的山地和谷底，垂直高差大，但水平距离短，造成这一地带地下水的水力坡度增大，流动于高原面上的小河，至此急剧转入地下，形成溶蚀和侵蚀都强烈的地下河与地下洞穴系统。该区的地下洞穴也具有显明的特色，它发育迅速，造型奇特，多弯曲、色彩丰富、管状、碟状、板状等形态的洞穴堆积，洞穴高大多层，洞顶薄裂隙大，这类洞穴极有观赏和科考价值。但是这类洞穴和地下河又变化快，易损失高原面上的水体，从水源保护方面看又有其不利的一面。

（二）地貌类型

保护区内地貌类型有剥蚀侵蚀高原组合类型和边缘地带的峡谷地貌两大类型，

另外属于喀斯特微地貌中的特殊地貌虽数量与面积较小，但很特殊，也很重要。

1. 侵蚀剥蚀高原

海峰自然保护区是滇东高原上、高原面保存得较完整的一处，该高原顶部微有起伏，受乌蒙山中支伸入的影响，形成三排相对高度不大的中山山地，夹持两片相对凹陷盆地的格局，在石灰岩组成的地区，发育有峰丛地貌，在石灰岩为基底的盆地内，散布有峰林、溶丘和孤峰。小洞河与黑滩河在高原面上流动，除了切割中列山地时，形成小型"V"形谷地外，大多数河段均保持抬升前的浅切割河谷状态。

2. 中等至深切割峡谷

自然保护区属金沙江水系，其一级支流牛栏江从保护区西部边缘通过，这条河流，上游切割浅，中下游受近期地壳抬升的影响，由下向上从深切峡谷，逐渐演变为中等切割到浅切割谷地，本区处于由深切到中等切割的过渡地带，河谷形态为"V"形峡谷，南部比高大于500m，北部在1000m左右，它河床较狭窄，发育有浅滩、边滩、谷坡较陡，河流比降大，在两侧的谷坡上，有涌泉与溶洞分布。在地下河涌出的陡坡上，常形成激流或瀑布或跌水。

3. 多拗陷和断陷型盆地

这类地貌出现在高原面上，属高原复合地貌中的一个组成部分，大型的如大坡、赤章、菱角、兰石坡海子等，均为高原抬升时，相对拗陷而成，干海子、块所、背海子等则为断陷而成。小洞河与黑滩河宽谷，为断陷和侵蚀溶蚀，受多种作用力的联合作用而成的。

4. 喀斯特特殊地貌

本区石灰岩分布广泛，喀斯特地貌发育典型，它们广泛的散布在高原面上与峡谷的分水岭及谷坡上，主要微地貌有以下几种：

（1）石芽与溶沟：此类地貌均为发育年代较新的溶洼、盆地、溶丘、孤峰等上部，一般高度不足2m，高者可达5m，在兰石坡海子及石仁一带较高大，也较典型。

（2）溶斗与溶蚀洼地（盆地）：溶斗在保护区的西与西北部较多，其中以石仁、岩竹、地河、河勺、赤章、法土、棚云、块所等村委会辖区内最发育，这一带的溶斗多为地下河塌陷或地下洞穴塌陷而成，深度较大，呈桶状或斗状，在岩竹与石仁一带，发育成竖井状，我们称它为天坑，据调查这一带有十余个，最大的天坑——Ⅰ号天坑，平均深达152m，最深处可达184余米，面积约0.85hm²，下部生长着湿性植物群落，从范围、深度和具有生态系统及成群分布等方面综合看，是其他地区所少见的地貌形态。溶蚀洼地和溶蚀盆地，多在东部与南部，兰石坡海子（海峰湿地）最典型。

（3）溶洞：保护区的溶洞数量多，类型复杂，有垂直渗透带上发育的大型洞穴，也有水平流动带或过渡带上发育的洞穴，受地壳抬升的影响，溶洞的层状分布也很突出，在一些大型溶洞内，洞穴堆积物类型多，增长变化快，受上覆岩石与土层之影响，洞中的钟乳石，色彩变化明显，形成一种彩色钟乳石，这类钟乳石，是其他地区所难见到的。另外，在一些水平溶洞内，受河流与溶蚀的影响，还发育有土状石钟乳、土石状混合型钟乳、碟状、管状及扭曲、分枝等类的奇特堆积类型。这些也是本区特有的。

其他峰林、峰丛、盲谷、落水洞、涌泉等微型喀斯特地貌也很发育，联合组成别具一格的地貌组合。

三、喀斯特特殊地貌形成条件

在海峰自然保护区内，石灰岩分布面积广，质地较纯、岩层较厚的石灰岩和白云质灰岩的比重又大，受岩性与构造等因素的影响，发育成一组类型齐全的喀斯特微地貌形态，较普遍的有峰林、溶蚀石山（丘）、溶蚀洼地、溶斗竖井状天坑、地下河与大型地下溶洞。其中溶蚀洼地与漏斗竖井天坑最典型，保护价值极高，大型溶洞中的化学堆积，颇具特色，并与其他地区的溶洞有极大差异，具有开发与观赏价值。

（一）位置优越

自然保护区位于滇东高原顶部，其西缘被牛栏江分割。一方面它之顶部保存有地壳抬升前的准平原面的古地貌形态，如大型拗陷盆地，脉状条状中山，众多的峰林、溶丘、孤峰等；另一方面，在近牛栏江河谷的边缘部分，地下水的水力坡度大，便于地下水不断沿裂隙下渗，沿坡度较陡的地下河道下蚀（溶蚀与侵蚀），而且溶蚀与侵蚀速度快，造成一些地貌的形成发育的良好条件。

（二）岩石基础

石灰岩或白云岩等是形成喀斯特地貌的必备条件，而在保护区内，石灰岩等碳酸岩类岩石分布于广又多质纯厚层的岩石，在已出露的多数地区中均可发现，岩石的种类包括泥灰岩、泥质白云岩、瘤状泥灰岩、白云岩、白云质灰岩、灰岩等，其中以二叠系茅口统、栖霞统的灰岩和白云质灰岩面积大，质纯层厚，是本区喀斯特各类地貌，尤其是形成一些特殊地貌的主要岩石。

（三）地貌与水文条件

从大的地貌类型看，自然保护区一带范围内，可分成高原复合地貌与牛栏江峡谷地貌两大类，高原面为基础的复合地貌形态，主要分布在东、中部、牛栏江峡谷及其分水岭山地，喀斯特地貌中的各种微地貌，则散落分布于这两类地貌形态之中。因为地貌类型不同，影响两类地貌区内的地表水和地下水的活动方式不一致，东中部高原顶部，地面起伏和缓，地上河流切割浅，地下水位相对较浅，故这区内的峰林，溶蚀盆地与溶蚀洼地等，能保持古老形态的原状，缓慢地改变形态，新产生的石芽、溶沟、形态较小，发育速度相对缓慢，受地下水溶蚀并扩大的浅溶斗多，塌陷的深溶斗，竖井天坑少或难发育。西部峡谷与分水岭区，受河流深切，基准面较低的影响，这区内的地下水的潜水面较低，从高原面及分水岭山地到河谷底部，水力坡度大使得该地区石灰岩层中的地下水，不仅在垂直流动带内溶蚀活跃，且在季节变动带及水平面流动带均有较强的溶蚀和侵蚀能力，使得石灰岩等岩石溶介速度快，地下溶洞和地下河发育扩大快，物理崩塌现象经常发生。在这个地貌区内，大型溶洞多，化学堆积速度迅速，地下溶洞或地下河流通道，在快速增大的同时，若顶部变薄，支持不住顶盖的重量时，就陷落成积水湖盆，或深而大的天坑，而在峡谷底部或谷坡上，地下水被切开，形成泉水量巨大的涌泉。同样在陷落的盆地的底部或边缘地带，也常有涌出的上升泉。

（四）其他因素

本区位于曲靖市沾益区的西与西北边缘地区，人口密度较小，对自然环境破坏的强度还不大，有些生态环境系统虽已遭受破坏，但程度较浅，得以保存部分天然景观。另外，在区内的一些山地上，目前尚保存有一些天然林或人工云南松林，自然环境尚好，对这里的特殊地貌的发育与保存，以及其中生态系统的保护，也有一定影响，同样若已被人类开发利用，生态系统受到破坏的地方，今后就难以恢复，其演化方向也将起到变化。

至于构造类型，新构造运动抬升及地震活动因素，也有一定影响。由于牛栏江峡谷本身就是一个断裂活动带，它离小江地震带距离较近，大等级地震会波及到这一地区，它对一些塌陷型微地貌的形成与演化，会起到一定的推动作用。

四、主要喀斯特地貌类型

自然保护区的喀斯特地貌有一般常见的与特殊少见的两类：

（一）喀斯特常规地貌

与其他喀斯特地貌区一样，本区的各类微地貌均出现，只是数量多少与典型程度不同而已，其中重要的有以下几种。

1. 石芽与溶沟。这类地貌发育广泛，它分布在各类石灰岩出露的地区，一般高度不足 2m，溶沟也多在 2m 以下，个别地区可在 2m 以上，它们多呈在车轨状形态，也有瓜状、剑状、莲花状者．由于发育的条件不太优越，石林状剑状高石芽很少，仅在兰石坡海子东部与石仁村委会后的石人山上，有小范围的高石芽——石林分布。高石芽的高度大与造型也较复杂。

2. 峰林、峰丛与孤峰状溶丘。在高原面上峰林及孤峰状溶丘是一种最常见的地貌，它广泛分布在区内，尤其是高原面上的拗陷洼地四周及洼地内部，如大坡、菱角、兰石坡、等地更集中，峰丛则多集于相对隆起的中山山地上，在山地与盆地交界处的前列山地上，更为集中。峰林、峰丛造型优美者，尤其是在水塘和湖泊周围出现的峰林、峰丛、溶丘等地貌，景色秀丽，酷似广西的桂林山水，可以开发为旅游景区，其中以兰石坡海子、干海子、黑滩河下游等地最有开发价值。

3. 拗陷与断陷盆地（洼地）。主要分布在东、中部的高原面上，为高原抬升中，相对拗陷或断陷而成。盆地或洼地底部起伏和缓，散布有峰林或溶丘，若有河流通过，则受河流的侵蚀与堆积，形成河漫滩堆积与发育成阶地，但河流切割不深，四周的山地高度也不大，这些盆地除小型积水者外，大部分都被开垦为耕地，村、寨也多在其中，盆地中面积较大的有大坡盆地（面积 45km²），菱角塘盆地（面积 75.4km²），德威—法土盆地 (25.8km²)。兰石坡海子面积约 10km²（在统计时已划入法土盆地）。

4. 地下喀斯特地貌。地下溶洞，地下河等喀斯特也极发育，尤其在西部的牛栏江分水岭东则山丘上。另外与之联系的竖井、落水洞、深漏斗及地下河之水源涌出地面而形成的涌泉（当地称龙潭），也分布广泛，其中有些造型与成因均很奇特，准备把其中典型者列为特殊地貌进行阐述。

（二）特殊的喀斯特地貌

分布于本区的特殊喀斯特地貌是指，在本区发育典型，其他地区少见或比其他地貌的同类地貌特殊。具独特特征的几种地貌是竖井状、漏斗状天坑；巨洞和它的化学堆积物；大型喀斯特洼地内的湿地生态系统。

天坑是保护区内最主要的一种造型奇特的地貌，典型的天坑为一长方箱状下陷地貌，四壁直立如同竖井，但规模比竖井大，另外也有漏斗的天坑，最大的天坑面积 0.70 ～ 0.85hm²，直径 100 ～ 150m，从下陷形式看又像深陷溶蚀漏斗，但比溶蚀漏斗大也深，最深者可达 170 ～ 180m，当地称之为"大毛寺"，一般均大于 50m。更为与众不同的是：有几个典型的天坑内均生长着乔木、灌木及草本蕨类植物，自成一个封闭的生态系统，从天坑数量多（有 10 余处），深度与面积大，又多有生物群落分布等几方面看，本区的天坑及其内的生态系统，可以说是国内外少见的，可惜在 10 余处大型天坑内有完整森林生态系统的仅有 3 处，即 I 号天坑（大毛寺）、II 号天坑（中毛寺）和 III 号天坑（小毛寺），IV 号天坑因崩塌关系呈半漏斗、半竖井状，坑内的森林植被，虽部份遭受采伐，但仍保留有乔木，灌木及下层草本蕨类等植物。V 号天坑面积最大，达 2.2hm²，它底部已辟为耕地，在东与南部的陡岩壁上，尚有植被覆盖，但结构已不完整。除此以外，其他天坑型洼地，均被开发，底部已辟为耕地。

具有整体或部分天坑森林植物的天坑虽只有 5 处，但它们的保护价值极大，在其他地区虽可以出现更深的天坑，但能在一片地区，在成群的天坑内，还保留有森林系统，特别是在深度超过 150m 的深坑内存在乔、灌、草本植被，这更是少见。大自然既赋予人们这一份宝贵的财富，人们就应该珍惜它，保护它，千万不能像周围其他被破坏的天坑一样，为了开垦少量耕地，而破坏这些珍贵的资源。因为这些特殊的生态系统形成不易，它只要被破坏，今后绝难恢复，也难以再现恢复的条件，结果是在地球表层土地上，又会失去一份珍稀的自然资源。

表 1-1 主要天坑形态特征统计表

名称	面积（hm²）	坑顶海拔（m）	深度（m）		特征
			平均深	最深	
Ⅰ号天坑	0.85	2120	152	184	深竖井状，湿润常绿阔叶林
Ⅱ号天坑	0.54	2100	108	133	深漏斗型，半湿润常绿阔叶林
Ⅲ号天坑	0.51	2080	54	78	深竖井状，湿润常绿阔叶林
Ⅳ号天坑	0.48	2400	31	72	深漏斗型，半湿润常绿阔叶林
Ⅴ号天坑	2.20	1980	62	86	断陷盆地型，半湿润常绿阔叶林

五、喀斯特湿地

兰石坡海子（海峰湿地）是高原面上众多拗陷盆地中的一个，由于是拗陷而成的大型浅洼地，所以它不同于断陷而成的干海子、背海子，湿地面积较宽（约7km²），水较浅，水面变化大。它西部有小洞河水注入，东部、中部与南部有龙潭水涌出，有一浅水通道注入水泊之中，从而形成一个有固定水面，有沼泽地带，外围又被草地包围的一种湿地生态环境，这片湿地内，不仅水生与陆生植物较丰富，还是一些留鸟与候鸟的栖息场所，目前由于小洞河下游，人们为扩大落水洞出口，排水量较多，使水面有所缩小，而影响其湿地功能，若能控制下游排水量，适当增加水面面积，那将使兰石坡海子，变成滇东高原上一片优异的湿地景观。湿地内还散布着很多造型优美的峰林、孤峰和石沟石芽、溶洞与地下河，若在东部、南部及东北部进行人工美化，植树种花种草，可辟为一处极佳的生态旅游景区。扩大了的水面，也可发展水产养殖业，这对该区经济较落后的局面会起到促进作用。湿地科学家称它为地球之肾，它的存在可净化环境，保护生物多样性的生境向良性转化，保护它，对今后人类的生活与经济发展关系重大。

六、溶洞及其化学堆积

自然保护区内地下溶洞数量较多，有垂直下降溶洞，有水平溶洞，也有穿洞，虽然从巨大或长度上看，说不上最大或最长，但大佛洞之大之深，白沙洞之长，仍是很突出的，其中特别突出的洞内的化学堆积的滴石，千奇百怪，种类繁多，有管状滴石碟状和臼状滴石，小毛寺地下洞中还有石臼抱蛋状堆积，土状、土石混合状化学堆积，另外还有钩状、板状、葡萄状、扭曲状和分枝状滴石。这些滴石形成速度快，形态高大雄伟，尤其雨季，裂隙中地下水不间断下流，大量碳酸钙被带至洞内，进行快速堆积，形成各种类型的钟乳石景观。由于本区出露的石灰岩二叠纪石灰岩中，夹有红色、黑色页岩，又加上地面的红土也随水下渗透至洞内，夹杂于碳酸中堆积，致使洞内的化学堆积物中带有天然色彩，大体有白、红、黑、灰等色，以红、白色最常见。有时一块钟乳石上，会同时具有 2～3 种颜色，形成多彩的钟乳石造型，这种现象，其他洞穴中较少见到。由于地下溶洞内，具有众多造型的钟乳石（滴石）和多色彩的钟乳石，故本身具有珍稀和被保护的价值，也具有较高的科学研究价值。

七、特殊地貌的评价

通过调查与分析，海峰自然保护区内的特殊地貌，分布区狭窄，也较集中。它们共同具有以下几个特点：

（一）珍稀性与集中性

不论巨型天坑，拗陷湿地景观，还是造型多姿多态和多色彩的滴石，它们都是在特定的地质、地貌及自然环境等条件下形成演化的，它们种类多，分布又较集中，据国内外的有关资料分析，这类地貌形态，虽非当地独有，其他地方虽有，但从深度、范围、密集度等方面看，都难与海峰地区的相比拟，物以稀为贵，数量极少更珍贵。它和一些待保护的地质剖面、化石点，珍稀濒危的生物物种一样，都是不可多得的自然资源，需要特别加以保护。

（二）特殊性与脆弱性

保护区的天坑等地貌，除具有稀少珍贵的特色外还有它形成条件的独特与其他同类地貌区存在明显的差异之处，天坑数量之多，规模之大，坑内生物系统之完整特异，是其他地区所少有的，洞穴虽普遍可见，但洞内钟乳石的造型及特殊的形成机制，也是其他地区的洞穴中难以见到也难以形成的。至于喀斯特湿地，除了它内部的生态系统组合完整，典型而有代表性外，在地貌形态上，也与众不同，它四周有峰林、溶丘环境，海中水质清澈，又有河水、泉水补给它，水内有岛、岛上石芽耸立，灌木林青翠碧绿，景色优异，这块湿地的组成要素众多，互为联系，互相影响制约，若不加珍惜，破坏其中一两个条件，尤其是水与植被条件，湿地系统就会逐渐变劣，最后导致消失，再想恢复，也很困难。通过分析，可以看出，自然保护区的这几类地貌形态，包括在地貌特殊类型基础上形成的生态系统，虽有其独特少见，观赏科考性强等优势，但也有其脆弱易受破坏的不利因素，把它们列为保护区的主要对象，是十分必要的。

（三）保护与开发的意见

自然保护区成立以后，对区内主要保护对象的保护与适度开发的意见有以下几个方面：

首先对天坑中的Ⅰ号、Ⅱ号要绝对保护，在周围增加保护与远处观光设施，供考察观光之用，但不能直接进入与污染天坑附近的自然环境，另外，附近的溶丘、石岗、封山育林，使周围环境更加优化。Ⅲ号天坑较浅，内有地下溶洞，生态系统保存完好，可适度开发，修建下坑通道，但只能供探险，生态旅游之用，控制下坑人数，注意生态保护。Ⅳ号天坑可与Ⅲ号坑同样对待，但因坑内天然植被已有部分破坏，故开发为观光旅游点时，还应注意恢复坑内的植被。Ⅴ号坑，目前最好把坑内耕地通过政府规划调整为林地或广种花木，也可供今后旅游之用。其他天坑，均已破坏，可选条件好者，退耕还林，以备今后利用。

第二，石灰岩分布区内，地下溶洞很多，一般的多巨洞，长洞也不少。据已被考察过洞穴看，洞内的钟乳石，虽有少量破坏，但也还有保存较多的钟乳石。有些化学堆积物的造型高大、奇特，色彩丰富，也很有观赏、科考价值。从开发条件看，大佛洞、白沙洞和Ⅲ号天坑内的溶洞较优，可配合其他景物联合开发，但开发中要做好事先规划，开发中一定要注意不能破坏洞内的景物，尽量利用天然通道，特别险要处需增加保护措施，以增加探险旅游的成分，对溶洞开发利用，创出一个崭新的开发模式。另外，对本区内还未进行调查的洞穴，进行有计划的调查，有了第一手资料后，就可制定开发或保护措施。

第三，对湿地生态系统的保护与开发利用的意见是两者并重，分区进行，既以保护为主，可在部分地区，开发发展生态旅游，以旅游促保护。根据这个方针、建议，把湿地西部小洞河在羊圈洞、兰石坡南的落水洞堵上。在犀牛塘附近的落水洞，可设控水闸，使兰石坡海子的水提高水位，并控制在一定水位上，多则排出，平水或枯水时，就贮水，使海子面积扩大，以利该湿地的保护。同时对海子中峰林，溶丘的落水洞及裂隙进行封堵，以免水体泄漏。在此基础上，可在东部，以海峰林场为中心，在沿湖栽树、种花、种草，形成农家乐式的景点，也可把法土村西部的小石林及龙潭水进行修建，成为可供人观赏的景点，在海峰林场附近的石山上，修筑观鸟台。附近的水面，修建鱼场，在水塘内养荷、采藕，人工养殖海菜花等，以增加景点的美色，也有一定经济效益。开辟这些项目，可使周围群众的经济条件得以改变，增强对自然资源保护的认识，变被动保护为主动保护。

第四，自然保护区内的石灰岩面积分布广，很多有保护价值的地貌、有开发价值的地貌或与之有的生态环境，均与石灰岩、白云岩等岩石有关，在今后的开发、建设中，要注意对这类岩石的合理利用，尤其是在重点保护对象附近的石灰岩、白云岩等，不论是开石，修路、修建水利工程，还是进行其他有关的建设项目，都要注意避开主要保护对象，以免造成不可挽回的损失。另外，凡核心区内的保护景物，要严格按《自然保护区实施条例》的相关规定严格执行。

第三节　气候特征

海峰自然保护区的气候，受保护区所处地理位置和地形地势的影响，其特征表现为典型的亚热带高原季风气候类型。保护区的气候特点是干湿季分明，年温差小，日温差大，冬半年（11月～次年4月）盛行偏西风，风速大，空气干燥，蒸发量大，形成冬春干旱多风，干冷同期的特点；夏半年（5—10月）则降水充沛，形成夏秋湿暖雨多，雨热同季的特点。从气候资源来看，保护区内年平均气温13.8～14.0℃，≥10℃的活动积温4189.5℃，夏季（6—8月）均温19.4℃，最热月（7月）均温19.9℃。冬季（12—次年2月）均温8℃，最冷月（1月）均温7.1℃，本区冬季易受昆明准静止锋影响，阴凉天气比滇东多，冷空气侵入次数也多于滇中等地区。全年日照时数 2095.9h，春季最多，秋季最少；太阳幅射能年总量 123.8kcal/cm²，但利用率仅 1% 左右。年降水量 1073.5 ~ 1089.7mm，雨季（5—10 月）降水量占年降水量的 87.3%，月最大降雨量出现在 6 月；全年总蒸发量 2069.1mm，将近降雨量的 2 倍，主要集中在春季，所占比例达到全年总蒸发量的 39.2%。区内年平均相对湿度 71%，干燥度 1.2，每年霜日集中在 1 月，全年无霜期 242d。年平均风速 2.7m/s，风向以西南风为主。

本区气候类型及其特征为保护区创造了生物多样性和发展的必备条件，对林木的生长发育十分有利，冬半年虽然对林木生物量积累起到一定的作用，也给保护区的森林防火工作带来较大的困难，所以森林防火工作显得非常重要。

第四节　水文地质状况

自然保护区属金沙江水系，它是金沙江的一级支流牛栏江流域所控制的区域，主要河流为小洞河与黑滩河，区内的黑滩河、干海子、兰石坡海子、背海子等均为该水系内的湖泊，都与地下暗河相通。该地区地表径流的上中段均在高原面上流动，下段转入地下。

兰石坡海子为保护区的核心，位于大坡乡海峰林场附近，仅小洞河一条入注河流，为喀斯特山地拗陷大盆地积水成湖，水体浅，面积广，并有大片沼泽与水体相连，干、湿两季水位差在 3 ~ 4m 左右。雨季时，连成整片的大型水体；雨季后，受喀斯特地区渗水作用的影响，水体逐渐萎缩，形成多个孤立的小型水体，直至水位低于各水体落水洞口的水平面之后，水体渗漏速度减慢，方在海峰林场四周形成 3 片较稳定的小型水体，为了维持这 3 片小型水体的水域面积，在该区域修筑了多个高约 2m、宽约 1m 的小型水坝，在兰石坡海子西部边界修筑高约 4m、宽约 3m 的中型水坝，干海子与背海子相邻，位于大坡乡岩竹村境内，面积较小，均为小型盆地，是喀斯特地貌断陷而成、发育较新的水体，该地区无固定的入注河流，水位高低主要受降雨及地面渗水的影响，年水位高低的涨落与兰石坡海子相似，但水域面积的变化较小。

黑滩河位于菱角乡块所村境内，水域面积广，水位深，为人工修建水库后形成的湿地，是该地区主要的生产、生活用水。与自然湿地不同，黑滩河水库拥有固定的入注河流，在人为的调控下水位较为稳定，且水域面积亦无较大的变化。

本区河流较短小，又均为上中游在高原面上流动，下游转入地下的盲谷型河流，在区内的其它支流，也有下游转入地下的现象，所以地上河与地下河段，共同存在的特点很突出，河流地上部分河床浅，河流曲折，流速较缓，而地下部分水力坡度大，切割较深，地下河所在的下流的地下洞穴，高大顶薄坡度大，这是第二大特征，河流的上源为珠江源西侧山地，是高原面上高度不大又较狭窄的山地，是容易发生地下抢水的地区，这一特点，告诉我们要注意水源的保护与调配。

区内的湖泊特点是面积小，水质好，处于半封闭状态，现阶段水体的利用率不高，但湖泊附近的湖光山色水色，十分秀丽，又是水鸟、珍禽的栖息地，今后发展生态旅游或生态农业，条件十分优越。

因为石灰岩分布面积较广，大气降水降落地表后，多被落水洞裂隙、竖井等引入地下，形成地下水较丰富的情况，地下水在谷地两侧，断陷盆地或者在断拗洼地的边缘地带，形成涌泉（上升泉）或平流再沿谷坡下流，区内有影响与较大的泉水，有兰石坡海子边缘的上升泉，干海子边缘的上升泉，块所附近的蛤蟆洞涌泉和小洞河上段天生桥附近的龙潭，红寨的大龙潭以及牛栏江边的特大泉等。

在用水日益紧张的时代，区内各种类型的水资源会愈来愈显示出其宝贵的价值，单从今后跨区调水一方面来说，它的经济价值就十分巨大，其他如用于生活用水，工农业用水，发展养殖业与旅游业，均会发挥重大作用，故对水资源的保护与合理规划利用，是今后保护区内的重要保护内容。

第二章　森林土壤

森林土壤作为自然生态系统的一个重要组成部分，与生态系统中的其它组成因子相互联系，相互制约，它是历史自然的综合体，是各种自然地理因素的综合产物，土壤的类型与性状对整个生态的环境类型及环境的稳定性、多样性具有重要的影响作用。在本保护区内进行土壤类型与性状的分析，对协调保护区内日益加剧的人地冲突矛盾，使之转化成为和谐发展的人地共生关系，对维护整个生态系统的稳定起着重要的作用。

第一节　土壤的发生

一、成土因素

土壤是成土因素综合作用的产物，从土壤发生学理论的角度来看，成土因素具有同等重要性和相互不可替代性，并且是有地理分布规律的，土壤的形成和演变受到成土因素发展变化的制约。根据成土因素学说的基本理论，土壤主要起源于五大因素：母质、地形、气候、生物和时间，在不同地区，不同的土壤类型往往有某一因素占有优势，其作用超过其它因素的综合作用，一般来说，生物因素在成土过程中起主导作用，可用函数式表示为 $S=f(o.cl.r.p.t\cdots)$，式中 S 表示土壤、o 表示生物、cl 表示气候、r 表示地形、p 表示母质、t 表示时间、…表示其他未发现因素。

（一）生物因素对成土的影响

生物在成土过程中既具有独立性又具有从属性，独立性表现在它对土壤肥力特性或类型具有独特的创新作用，从属性表现在因其他因素的改变而发生急剧的改变。生物因素主要包括植物、微生物和土壤动物，其中绿色植物对土壤形成作用极为重要。绿色植物吸收营养元素，利用太阳光能进行光合作用，制造合成复杂的有机体，再以有机残体形式回归土壤，经微生物分解，释放各种养料，合成土壤的腐殖质，增加土壤胶体，推动了土壤的形成和发展。保护区内的原生植被为亚热带半湿性常绿阔叶林，次生植被以云南松或松栎混交林为主，主要的树种有云南松、滇石栎、滇青冈、元江栲、光叶高山栎、黄背栎、旱冬瓜、油杉等。在原生植被受人为破坏的地方，腐殖化作用已减弱，但仍继承过去小生物循环产生的有机质，保留着原有特征。

（二）气候因素对成土的影响

气候决定着成土过程的水热条件。水分和热量不仅直接参与母质的风化过程和物质的地质淋溶过程，而且在很大程度上控制植物和微生物的生长，影响土壤有机物的积累和分解，是土壤形成和发展的一个重要因素。本保护区的气候属于亚热带高原季风气候类型，干湿季分明，冬春干旱多风，夏秋湿暖雨多，年温差小，日温差大，年平均气温 13.8 ~ 14.0℃（30 年平均），≥ 10℃的活动积温 4189.5℃。年降水量在 1073.5 ~ 1089.7mm 之间，降水充沛，历年 5—10 月平均降水 8812mm，雨季平均从 5 月 23 日—10 月 24 日，降水量占年降水量的 87.3%，全年总蒸发量 2069.1mm，全年日照时数 2095.9h，年平均相对湿度 71%，干燥度 1.2，风向以西南风为主，年平均风速 2.7m/s，每年霜日集中在 1 月，无霜日数为 242d。

（三）母质因素对成土的影响

母质是岩石风化的产物，是土壤形成的起源。土壤是在以母质为基础，不断地同生物界和大气因素（光、热、水、气）进行物质与能量的交流或交换的过程中产生的。母质在成土过程中影响土壤的物理性状和化学组成，母质的组成和性状，在其他成土因素的制约下，直接影响着成土过程的速度，以及成土过程的性质或方向。保护区内的母质主要有湖积物、冲积物、坡积物和古红色风化壳等类型。坡积物中主要有碳酸盐岩类风化残积坡积物、泥质岩类风化残积坡积物、紫色岩类风化残积坡积物、基性结晶岩类风化残积坡积物等。古红色风化壳是在古湿热气候条件下形成的古土壤，形成年代悠久，是保护区内重要的母质来源。

（四）地形因素对成土的影响

地形在成土过程中主要起两方面的作用：一是地形引起母质在地表进行再分配，二是地形引起光、热、水在母质和土壤中的再分配，从而形成土壤的地理分布，影响成土方向和强度。保护区位于滇东高原北部，地处牛栏江东岸，珠江与金沙江分水岭西冀之间地带，是一块保存较完好的高原面，高原面较为平缓，地势呈东南高西北低，平均海拔在 2000m 左右。保护区内地质构造运动强烈，褶皱、断裂发育显著，形成有较多的溶蚀和陷落盆地。保护区的地形地貌有一特点，即石灰岩山地大量分布，形成面积较大、发育典型的喀斯特地貌，有较多的峰丛和较大的岩溶洼地、谷地、陷坑，在石芽、洼地和漏斗之间多填充古红土。

（五）时间因素对成土的影响

土壤的演化随时间的推移而不断进行，时间越长，土壤发生层的发育程度越好，发生层的分化越显著，土壤的性质和形态越显多样化。

二、成土过程和土壤发育

土壤类型的形成是在不同成土因素的作用下，在一定的空间里，随时间的推移而进行着的一个复杂的螺旋式上升过程。保护区土壤成土过程的主要类型有：

（一）生物累积过程

主要是腐殖质的累积过程，即在各种植物的作用下，在土体表层进行腐殖质形式的累积，形成一层暗色的腐殖层的过程。由于植被类型的不同，覆盖度及有机质的分解不同，因而会产生不同的腐殖化结果。

（二）脱硅富铝化过程

这是保护区内土壤的主要成土过程。在水、热充沛，化学风化深刻，生物循环活跃的条件下，原生矿物质强烈分解，盐基物质和硅遭到淋失，铁铝氧化物在土体中相对富积，形成质地黏重，酸性的红色土壤。

（三）黏化过程

在中性母岩上，土体内进行化学风化，使原生铝硅酸盐矿物质分解为次生铝硅酸盐，它相对稳定，不发生分解，随降水的淋洗而下移形成黏粒含量相对高的黏化层。

（四）人为活动

人类对植被的破坏和不当的农业耕作，引起局部的肥力下降，水土流失，土壤遭受侵蚀。

土壤在成土过程的作用下，经个体发育、系统发育及土壤的演替，最终形成保护区的土壤分类系统。

第二节　土壤分类系统

一、保护区的土壤分类系统

保护区的土壤分类系统，是以土壤发生学的原则为基础而确定的。通过参考《云南土壤》《土壤名词学》等权威文献，综合考虑土壤的成土条件、成土过程及土壤属性之间的联系，确定保护区的土壤分类系统如表2-1。

表2-1 土壤分类系统表

土纲	亚纲	土类	亚类
铁铝土纲	湿热铁铝土	红壤	黄红壤
			山原红壤
			红壤性土
淋溶土纲	湿暖淋溶土	黄棕壤	黄棕壤
初育土纲	石质初育土	紫色土	酸性紫色土
		石灰土	红色石灰土
	土质初育土	新积土	冲积土

二、保护区内各种土壤所占比例

保护区的土壤类型共分为三个土纲、五个土类，其中铁铝土纲的红壤和淋溶土纲的黄棕壤是地带性土类，初育土纲的紫色土、石灰土和冲积土是区域性土类。保护区内各种土壤所占比例见图2-1。

图2-1 土壤比列示意图

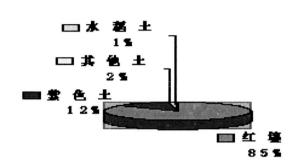

第三节 土壤分布规律

由于保护区范围内的经、纬度相差很小，在热量、湿度上无明显变化，所以土壤在水平分布上并没有明显的变化，属于云南土壤的红壤水平带。保护区土壤的分布规律主要体现为垂直带性分布和区域性分布。

一、垂直带性分布

保护区的土壤以亚热带红壤为基准面，以地势为主导因素，随地势海拔的增高，其温度、湿度、植被及其它生物类型也发生相应变化，引起生物——气候带随地势增高的分异，形成不同的小生物气候环境，发育成不同的土壤类型，由此也引起土壤的垂直分布变化，见图2-2。山原红壤主要分布在海拔2100m以下，不同坡向对分布的海拔上限有影响。黄棕壤主要分布在海拔2300m以上，黄红壤则主要分布在山原红壤与黄棕壤的分布海拔之间，而红壤性土受地表物质分异

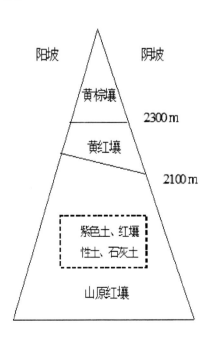

图2-2 土壤垂直带性示意图

的影响，分布于山原红壤带及黄红壤带中。

二、区域性分布

在保护区的土壤纬度带内，由于地质、地貌、水文等自然条件的不同，在山原红壤带和黄红壤带中散布着区域性分布的石灰土、紫色土和冲积土。

第四节　土壤类型分述

一、红　壤

保护区的红壤是亚热带湿润常绿阔叶林地区的地带性土壤，所处地区气候温暖，雨量充沛。本地区位于云南古红土高原面的东北部，区内红壤的地理起源正是发育于古气候条件下形成的深厚的红色古风化壳，它随着地质构造运动而抬升移至现在的地理位置。同时，在古风化壳上，当前除具生物累积过程外，还进行着脱硅富铝化过程。所以，保护区红壤既具有古风化壳的残留特征，又承受近代过程的影响。

保护区的红壤广泛分布在海拔 1700～2300m 之间的低山丘陵、低中山、中山和高原面，是保护区内分布最广，面积最大，最主要的土壤类型。区内红壤上的原生植被为亚热带常绿阔叶林，主要科属有山毛榉科、樟科、茶科、冬青科等，藤本、附生植物少，现植被大多已受破坏，而代之以云南松或松栎混交次生林，以及次生的灌丛草地。红壤的成土母质来源较广，主要有玄武岩、红色砂岩、页岩、泥质岩、灰岩以及第四纪红色黏土等。

（一）保护区红壤的形成过程主要体现为以下几个过程

1. 生物富集过程

生物富集过程在这里指植被覆盖下土壤中所进行的生物循环过程。它是生物通过自己的生理活动和生态功能，对土壤物质积累和分配的综合贡献，主要表现在三个方面：

第一方面是生物残落物的大量积累。常绿阔叶林每年带给土壤大量的枯枝落叶凋落物，大量的生物残体进入土壤。

第二方面是生物对灰分元素的选择吸收和富集。植物为了自身生长发育需要，通过根系将土壤中的养分元素吸收而重新集中，这些元素又通过凋落物回归土壤，这一过程不仅补给红壤因脱硅富铝化所损失的矿质养分，而且同时还供给了土壤大量的氮素。

第三方面是生物与土壤间强烈的物质交换。土壤提供给植物营养物质，植物又通过选择吸收将物质交还给土壤，从而提高了肥力，较高的土壤肥力又反过来促进植被的更加繁茂，构成土壤肥力的良性循环。

2. 脱硅富铝化过程

区内的古风化壳或岩石在现代生物气候条件下继续进行中度的脱硅富铝化过程。土体中的硅酸盐类矿物被分解，盐基与硅质遭淋失，而铁、铝等氧化物则明显聚积，粘粒与次矿物不断形成。土壤的脱硅富铝化过程可划分为三个阶段：

第一阶段是矿物的分解阶段。原生岩矿在气温高、湿度大的环境下，经长期的风化蚀变作用，大部分原生矿物遭彻底分解，形成简单的次生矿物。

第二阶段是中性淋溶阶段。岩矿经风化蚀变作用形成次生矿物同时，释放出大量碱金属和碱土金属离子，这些盐基离子大量进入风化液，使风化液呈中性至微碱性反应。来源于大气降水的重力水由上至下渗过风化体，使易溶于水的盐基离子和在中性至微碱性溶液中易移动的硅酸随水下移淋失，而在中性至微碱性溶液中最难于溶解的铁铝元素则未受明显淋失，表现出相对富集。

第三阶段是铁铝聚积层形成阶段。淋溶结果使盐基殆尽，风化液逐渐酸化，铁铝开始下移至下层，因下层盐基含量较高，酸度减弱，铁铝下淋受阻，同时风化产生的高岭石在下层聚积形成不透水层，下移水分受阻，旱季强烈的蒸发蒸腾作用使铁铝溶胶脱水，沉淀于土体，不再移动，形成，富铁铝聚积层。

（二）基本性状

经高温多湿的古气候条件下的岩石风化，形成的深厚的红色富铝风化壳，在现代生物气候条件下，向红壤化方向发展，至今形成了保护区的红壤。区内的红壤具有如下的基本性状：

土体构造多为 A–B–Bv–C 型。土体颜色以红色为主，但程度不一。土壤风化程度较高，剖面发育较完整，土层深厚，质地黏重。阳离子交换量 15mg/100g 土左右，盐基饱和度多不足 35%，全剖面呈酸性反应。有机质含量不高，多为 1% ~ 5%，在侵蚀严重地区不足 1%，红壤土体中矿物含量见表 2-2。

表 2-2 红壤土体矿物全量分析　　　单位：mg/100g 土

深度（cm）	SiO_2	Al_2O_3	Fe_2O_3	CaO	MgO	K_2O	Na_2O	TiO_2	MnO_2
0-17	41.00	23.04	15.36	0.42	0.53	0.92	0.08	3.55	0.18
17-37	41.44	23.38	15.44	0.37	0.61	0.90	0.10	3.70	0.21
37-79	35.16	25.31	18.90	0.42	0.04	0.76	0.08	3.95	0.15
79-110	34.28	24.75	19.80	0.42	0.42	0.80	0.06	4.25	0.18

注：根据《曲靖地区土壤》

（三）红壤的主要亚类

区内红壤的内部变异较大，在不同的小生物气候环境下，形成三个亚类。

1. 山原红壤亚类

山原红壤在区内红壤土类中所占的比例最大，可达 90% 以上，主要分布在海拔 2100m 以下的中低山、丘陵，在不同的坡向，海拔分布上限不同，阳坡的分布要比阴坡海拔高，植被以云南松林或云栎混交林为主，其基本性状与红壤土类相似。区内的山原红壤根据成土母质的差异，还可具体细分为碳酸盐岩地区山原红壤、泥质岩类山原红壤、基性结晶岩山原红壤和老冲积山原红壤这四个土属。由于保护区地处喀斯特地貌环境，碳酸盐岩地区山原红壤在保护区内的分布量比较大，可占山原红壤亚类的 50% 以上，它分布于峰丛、洼地、垄岗谷地和石灰岩山地之间，剖面层次发育不明显，冲涮淋洗弱，土层较浅，有效磷、钾含量低，酸碱变幅大，多偏酸性，但受碳酸盐岩风化物渗入，盐基饱和度较高，pH 近中性。其下的碳酸盐岩均遭不同程度的溶蚀，裂隙多，不保水，干旱严重。

2. 黄红壤

黄红壤是红壤向黄壤过渡土壤类型，主要分布在海拔 2000 ~ 2300m 阴坡，植被多为保存较完好的常绿阔叶林，如大坡乡红寨、河尾村公所的元江栲、滇青冈、长柄润楠及栎类等常绿阔叶林，菱角乡稻堆村公所的滇青冈林，生物气候环境中热量条件较山原红壤亚类稍低，湿度条件则较山原红壤亚类稍高，脱硅富铝化程度比山原红壤亚类更弱，黏粒碎铝率一般在 2.5% 左右，黄化特征较明显，主要发生层以黄橙或橙色为主，向下则向红色过渡，土壤 pH 值 5.0 ~ 5.5。

3. 红壤性土

红壤性土分布在土壤侵蚀严重地段，如牛栏江下切河谷，侵蚀严重的陡峭边坡及分水岭上，在高度淋溶漂洗脱盐基后，经次生"高岭化"后形成。植被遭受严重破坏，地表多呈裸状，土层浅薄，一般不足 30cm，多石砾，剖面构型呈 A-（B）-C型，土壤质地粘重，结构差，"干时一把刀，下雨一团糟"，肥力低，红壤是向铁铝质粗骨土过渡的土壤类型。红壤及其三个亚类的剖面理化性状见表 2-3。

表 2-3 红壤及各亚类剖面理化性状

土壤及性状	层次	A	B	C
红壤	pH 值	5.6	5.6	5.7
	有机质（%）	4.20	2.25	1.77
	盐基饱和度（%）	29.93	26.85	30.34
	CEC（me/100g 土）	15.41	13.12	12.39
山原红壤	pH 值	6.2	6.1	6.1
	有机质（%）	3.35	1.77	1.20
	盐基饱和度（%）	43.09	39.30	34.37
	CEC（me/100g 土）	16.74	14.31	14.48
黄红壤	pH 值	5.5	5.4	5.6
	有机质（%）	5.06	3.04	1.78
	盐基饱和度（%）	27.22	20.00	22.22
	CEC（me/100g 土）	15.42	13.78	12.52

续表 2-3

土壤及性状 \ 层次		A	B	C
红壤性土	pH 值	5.5	5.3	5.3
	有机质（%）	2.46	1.84	0.95

注：根据《曲靖土壤》《云南土壤》

二、黄棕壤

黄棕壤是北亚热带湿润常绿阔叶—针阔叶混交林地区的地带性土壤，在保护区内有少量分布，主要集中在大坡乡大黑山一带的高海拔地区，由于气候接近暖温带，在特定的生物气候条件下，区域性地出现黄棕壤，它主要分布在 2300m 以上的中山顶部，发育于古红色风化壳和近代残积、坡积母质，原生植被为落叶阔叶林杂生常绿阔叶树种，现多被次生草灌取代。林中常见植被有麻栎、滇青冈、女贞、石楠等。

（一）黄棕壤成土过程

生物累积过程。黄棕壤地区的植物在温凉湿润气候下的生长较为旺盛，在土壤的生物小循环中，森林年凋落物量虽不如铁铝土纲，但由于温度较低，有机质分解速度大为降低，有机质累积量反而超过铁铝土纲。原生植被保存较完好的地方，有机质含量远大于原生植被被破坏的地方。

强烈的淋溶淀积黏化过程。黄棕壤地区气候湿润，水分充足，淋溶作用强烈，易溶性盐类和碳酸钙遭受大量淋失，另外，土壤的复盐基过程比较强烈，土壤交换性盐基得到相当程度的补充，因此，土壤呈现出弱酸性和较高的盐基饱和度。同时，在强烈的淋溶作用下，土体上部的黏粒矿物下移到土体中部，聚积形成黏粒含量较高的黏化层，黏化层阻止水分及黏粒的继续下移，使土体下部的黏粒含量明显低于黏化层。

弱富铝化过程。黄棕壤的气候环境较为暖湿，且干湿交替，具有较弱的富铝化过程，铁铝有较明显的下移趋势。

（二）基本性状

保护区内的黄棕壤剖面结构基本为 A-B-C 型，黄棕壤剖面物理性状见表 2-4。

表 2-4 黄棕壤剖面物理性状

层次	性状
A	有机质层，厚度 10～20cm 不等，颜色暗棕至暗黄棕色，结构粒状，疏松，质地多为中壤，多根系
B	厚度差别较大，颜色淡棕至黄棕色，结构块状，稍紧，质地多为重壤至黏土
C	母质层，颜色黄棕、淡棕

注：根据《沾益土壤》

保护区的黄棕壤表层有机质富集，土壤自然肥力高，土体淋溶淀积粘化过程强烈，土壤呈微酸性至酸性反应，pH 值 4.0 ～ 6.5，盐基饱和度多在 20% 以上，此外还具有弱富铝化特征。在森林植被被破坏的地方，冲刷较严重，表土有机质损失大，土体中含较多的砾石碎屑。

三、紫色土

保护区的紫色土属于非地带性土壤，只有酸性紫色土一个亚类，基本停留在幼年土阶段，是由紫色岩层风化而来的，其风化以物理风化为主，化学风化很微弱，土壤颜色和矿物成分与母岩基本相似。紫色土多分布在丘陵、低山，主要集中在大坡乡的河尾、妥乐、法土村公所及菱角乡的赤章村公所，气候环境为湿润的热带、亚热带气候。在水热丰富的环境下，生物循环旺盛，有机质形成迅速，有机质的分解矿化也迅速，不能大量积累腐殖质。

（一）成土过程

物理风化。紫色母岩的矿物成分复杂，特别是含有较多的粘粒矿物，吸水能力强。在亚热带干湿冷暖分明的环境中，岩石受热湿膨胀和冷干收缩的作用频繁，发生由表及里、层层剥落的物理风化作用很快，当水分来不及破坏岩体的化学成分时，岩石已松解成土，使土壤能较完整地保留着母岩本身的特性。

化学风化。当岩层透水性强、吸水多，或者是在地形平坦的地方，有较多的水分与岩石和土壤长期接触，才进一步发生化学作用。紫色土的化学风化多处在脱硅、脱钠阶段，其粘粒矿物基本基本是在成岩过程中形成的。

（二）基本性状

紫色土形成处于幼年阶段，因此其剖面构型基本为 A–C 型，剖面的突出特点是无明显的层次分化颜色较为均一，通体紫色，黏土矿物主要是云母、石英、长石等，土层厚度因坡位不同变幅较大，土体无石灰反应，质地多为砂质黏壤土。由于水土在不同地形部位上的重新分配，导致不同地形部位上的土壤机械组成、胶体数量、土层厚薄以及持水保肥能力出现很大的差异。

四、石灰土

石灰土是一个非地带性土壤，它是亚热带湿润地区石灰岩上发育的一种特殊类型的土壤，它一方面受母岩的强烈控制，表现出一定的岩成性，另一方面又表现出一定的地带性，在保护区中，石灰土的分布主要是零星地分布在碳酸盐岩地区，以及牛栏江分水岭下切地段，保护区的石灰土只分红色石灰土一个亚类。

（一）成土过程

红色石灰土在大的生物气候上基本与红壤一致，但由于地处石灰岩地区，喀斯特地貌极其发育，水分极易下渗进入地下水系，造成地表水分相对缺乏，反而表现出相对干旱的成土环境，植被相应地由喜钙旱生属种组成，如清香木、小来木、小叶旬子、窄叶石楠等。石灰土经较强的风化淋溶作用，碳酸盐的淋洗比较彻底，游离碳酸钙已基本洗出土体或呈散点状残留。黏粒有明显下移现象，土体中粘粒含量较高，土质黏重。同时，在富钙的环境下，土体又不断接受钙的补充，形成一个淋溶脱钙和富钙复钙的反复过程。此外，还进行着不占主导地位的脱硅富铝化过程，相对干旱的区域环境促进铁质的强烈脱水氧化，使土体呈红至深红色彩。在富钙的高温多湿环境中，微生物相当活跃，促进了腐殖化过程，有机质积累高，土壤肥力较好。

（二）基本性状

红色石灰土剖面构型基本为 A–B–D 型，腐殖质的钙凝作用明显，品质较好。土壤阳离子代换性较高，代换性阳离子的组成以钙为主，盐基饱和，土壤呈中性至微酸性反应，土壤黏粒含量较高，土质黏重。

五、冲积土

冲积土在保护区内有零星分布，主要分布在河流两岸阶地及河口扇形地带，它的成土母质属于河流冲积物，河流沉积物的组成决定了冲积土的性状。冲积土的主要特点是组成复杂，发育弱，沉积层欠明显，土层深厚。因距河床远近不同，土壤质地粗细也不同，同时，冲积土的物质受河流年际间水量变化的制约，是大小河流多次沉积的结果，所以沉积物不仅在水平方向有粗细的不同，而且在垂直方向上也有粗细层次原排列，构成了冲积土质地的复杂性和剖面质地层次的多样性。

第三章　植物

第一节　植物区系

　　海峰自然保护区属于东亚植物区，中国—喜马拉雅森林植物亚区，云南高原地区，滇中高原亚地区。根据野外考察的结果，该地区的植物区系由156科，388属，746种维管束植物组成。其中，蕨类植物25科，54属，82种；种子植物131科，330属，664种（不包括栽培的25属，28种）。据统计分析，该植物区系属的地理成分有15个类型，保护区植物属的地理成分见表3-1。

表 3-1 海峰自然保护区植物属的地理成分

地理成分（根据吴征镒，1991）	属数	占总数 %
合计	388	100.0
1. 世界分布	29	—
2. 泛热带分布	39	10.9
3. 热带亚洲和热带美洲间断分布	13	3.6
4. 旧世界热带分布	18	5.0
5. 热带亚洲和热带大洋洲分布	11	3.1
6. 热带亚洲和热带非洲分布	19	5.3
7. 热带亚洲分布	32	8.9
8. 北温带分布	91	25.3
9. 东亚和北美间断分布	25	7.0
10. 旧世界温带分布	28	7.8
11. 温带亚洲分布	5	1.4
12. 地中海、西亚至中亚分布	3	0.8
13. 中亚分布	1	0.3
14. 东亚分布	67	18.7
15. 中国特有分布	7	1.9

　　海峰自然保护区植物区系属于世界分布的属有石杉属 *Huperzia*、扁枝石松属 *Diphasiastrum*、石松属 *Lycopodium*、卷柏属 *Selaginella*、木贼属 *Equisetum*、蕨属 *Pteridium*、粉背蕨属 *Aleuritopteris*、铁角蕨属 *Asplenium*、狗脊属 *Woodwardia*、鳞毛蕨属 *Dryopteris*、耳蕨属 *persicaria*、铁线莲属 *Clematis*、远志属 *Polygala*、蓼属 *Polygonum*、大黄属 *Rumex*、金丝桃属 *Hypericum*、鼠李属 *Rhamnus*、悬钩子属

Rubus、千里光属 Senecio、鼠尾草属 Salvia、苔草属 Carex、莎草属 Cyperus 和蔗草属 Scirpus 等。

泛热带分布的属有碗蕨属 Dennstaedtia、乌蕨属 Stenoloma、姬蕨属 Hypolepis、凤尾蕨属 Pteris、金粉蕨属 Onychium、凤了蕨属 Coniogramme、书带蕨属 Haplpteris、短肠蕨属 Allantodia、假毛蕨属 Pseudocyclosorus、木防已属 Cocculus、马兜铃属 Aristolochia、牛膝属 Achyranthes、厚皮香属 Ternstroemia、黄花稔属 Sida、羊蹄甲属 Bauhinia、云实属 Caesalpinia、黄檀属 Dalbergia、木蓝属 Indigofera、鸡血藤属 Callerya、朴属 Celtis、冷水花属 Pilea、冬青属 Llex、南蛇藤属 Celastrus、卫矛属 Euonymus、青皮木属 Schoepfia、花椒属 Zanthoxylum、榕属 Ficus、鹅掌柴属 Heptapleurun、紫金牛属 Ardisia、安息香属 Styrax、山矾属 Symplocos、素馨属 Jasminum、斑鸠菊属 Gymnanthemum、铜锤玉带草属 Pratia、海菜花属 Ottelia、菝葜属 Smilax 和黄茅属 Heteropogon 等。

热带亚洲和热带美洲间断分布的属有木姜子属 Litsea、柃属 Eurya、楠属 Phoebe、雀梅藤属 Sageretia、泡花树属 Meliosma 和无患子属 Sapindus 等。

旧大陆热带分布的属有芒萁属 Dicranopteris、鳞盖蕨属 Microlepia、金锦香属 Osbeckia、海桐属 Pittosporum、合欢属 Albizia、楼梯草属 Elatostema、吴茱萸属 Evodia、八角枫属 Alangium、厚壳树属 Ehretia、香茶菜属 Lsodon 和芭蕉属 Musa 等。

热带亚洲至热带大洋洲分布的属有槲蕨属 Drynaria、樟属 Cinnamomum、崖爬藤属 Tetrastigma 和梁王茶属 Nothopanax 等。

热带亚洲至热带非洲分布的属有贯众属 Cyrtomium、瓦韦属 Lepisorus、星蕨属 Microsorum、海漆属 Excoecaria、宿苞豆属 Shuteria、水麻属 Debregeasia、沙针属 Osyris、猫乳属 Rhamnella、木棉属 Bombax、常春藤属 Hedera、杠柳属 Periploca、牡竹属 Dendrocalamus 和菅属 Themeda 等。

热带亚洲分布的属有新月蕨属 Pronephrium、含笑属 Michelia、木莲属 Manglietia、冷饭藤属 Kadsura、润楠属 Machilus、山胡椒属 Lindera、山茶属 Camellia、木荷属 Schima、葛藤属 Pueraria、青冈属 Cyclobalanopsis、野扇花属 Sarcococca、常山属 Dichroa、来江藤属 Brandisia 和绞股蓝属 Gynostemma 等。

北温带分布的属有木贼属 Equisetum、紫萁属 Osmunda、松属 Pinus、柏属 Cupressus、刺柏属 Juniperus、小檗属 Berberis、翠雀属 Delphinium、紫堇属 Corydalis、虎耳草属 Saxifraga、无心菜属 Arenaria、枸子属 Cotoneaster、委陵菜属 Potentilla、李属 Prunus、蔷薇属 Rosa、地榆属 Sanguisorba、绣线菊属 Spiraea、桤木属 Alnus、杨属 Populus、柳属 Salix、杨梅属 Morella、鹅耳枥属 Carpinus、榛属 Corylus、栎属 Quercus、榆属 Ulmus、桑属 Morus、胡颓子属 Elaeagnus、槭属 Acer、胡桃属 Juglans、山茱萸属 Cornus、杜鹃花属 Rhododendron、乌饭属 Vaccinium、白蜡树属 Fraxinus、接骨木属 Sambucus、茜草属 Rubia、荚蒾

属 Viburnum、马蹄香属 Saruma、香青属 Anaphalis、蒿属 Artemisia、火绒草属 Leontopodium、獐牙菜属 Swertia、马先蒿属 Pedicularis、泽泻属 Alisma 和天南星属 Arisaema 等。

东亚和北美间断分布的属有黄杉属 Pseudotsuga、五味子属 Schisandra、十大功劳属 Mahonia、石楠属 Photinia、皂荚属 Gleditsia、山蚂蝗属 Desmodium、铁扫帚属 Lespideza、板凳果属 Pachysandra、锥属 Castanopsis、柯属 Lithocarpus、葱木属 Aralia、珍珠花属 Lyonia、马醉木属 Pieris、流苏树属 Chionanthus 和络石属 Trachelospermum 等。

旧世界温带分布的属有金毛裸蕨属 Paragymnopteris、麦蓝菜属 Vaccaria、火棘属 Pyracantha、百脉根属 Lotus、女贞属 Ligustrum、川续断属 Dipsacus、旋覆花属 Inula、紫草属 Lithospermum 和香薷属 Elsholtzia 等。

温带亚洲分布的属有杭子梢属 Campylotropis 等。

地中海、西亚至中亚分布的属有黄连木属 Pistacia、木樨属 Osmanthus 和旱茅属 Eremopogon 等。

中亚分布的属有角蒿属 Incarvillea 等。

东亚分布的植物是指从喜马拉雅地区经中国至日本分布的类型。属于东亚分布的有假蹄盖蕨属 Athyriopsis、紫柄蕨属 Pseudophegopteris、钩毛蕨属 Cyclogramma、水龙骨属 Polypodiodes、假瘤蕨属 Phymatopteris、猕猴桃属 Actinidia、多衣属 Docynia、枇杷属 Eriobotrya、绣线梅属 Neillia、扁核木属 Prinsepia、旌节花属 Stachyurus、勾儿茶属 Berchemia、四照花属 Dendrobenthamia、青荚叶属 Helwingia 兔儿风属 Ainsliaea、龙爪花属 Lycoris 和箭竹属 Fargesia 等。中国至喜马拉雅分布的属有节肢蕨属 Arthromeris、油杉属 Keteleeria、猫儿屎属 Decaisnea、八月瓜属 Holboellia、鞭打绣球属 Hemiphragma、鬼吹箫属 Leycesteria 和米团花属 Leucosceptrum 等。中国至日本分布的属有柳杉属 Cryptomeria 和化香树属 Platycarya 等。

中国特有分布的属有中国蕨属 Sinopteris、扇蕨属 Neocheiropteris、杉木属 Cunninghamia、牛筋条属 Dichotomanthus 和地涌金莲属 Musella 等。

根据以上分析，海峰自然保护区的植物区系属于亚热带至温带性质的区系，热带成分仅占 36.3%，而亚热带至温带成分却占 63.7%。

第二节　珍稀保护植物

保护区内，属于国家 II 级保护的野生植物有黄杉 Pseudotsuga sinensis、扇蕨 Neocheirpteris、中国蕨 Aleuritopteris grevilleoides 及水生植物海菜花 Ottelia acuminata 等，还有国家 II 级保护真菌松茸 Tricholoma matsutake。

第三节　植物名录

自然保护区植物共 159 科，413 属，774 种，其中：蕨类植物（按秦仁昌 1978 年系统排列，共 25 科，54 属，82 种），种子植物【共 134 科，355 属，692 种（裸子植物按郑万均系统排列，被子植物按哈钦松系统排列）。有 * 者为栽培物种】。

一、蕨类植物

（按秦仁昌 1978 年系统排列，共 25 科，54 属，82 种）

1. 石杉科 Huperziaceae

| 蛇足石杉 | *Huperzia serrata* (Thunb.) Trev. |

2. 石松科 Lycopodiaceae

| 扁枝石松 | *Lycopdium complanatum* (L.) Holub |
| 石松 | *Lycopodium japonicum* Thunb. |

3. 卷柏科 Selaginellaceae

块茎卷柏	*Selaginella chrysocaulos*
兖州卷柏	*Selaginella involvens* (Sw.) Spring
垫状卷柏	*Selaginella pulvinata* (Hook. et Grev.) Maxim.
疏叶卷柏	*Selaginella remotifolia* Spring
红枝卷柏	*Selaginella sanguinolenta* (L.) Spring

4. 木贼科 Equisetaceae

| 披散木贼 | *Equisetum diffusum* D. Don |
| 笔管草 | *Hippochaete subsp debilis* (Roxb. Ex Vauch.) Hauke |

5. 阴地蕨科 Botrychiaceae

| 阴地蕨 | *Botrychium ternatum* (Thunb.) SW. |

6. 紫萁科 Osmundaceae

| 紫萁 | *Osmunda japonica* Thunb. |

7. 里白科 Gleicheniaceae

| 芒萁 | *Dicranopteris pedata* (Houttuyn.) Nakaike |

8. 碗蕨科 Dennstaedtiaceae

| 长托鳞盖蕨 | *Microlepia firma* Mett.ex kuhn |

9. 鳞始蕨科 Lindsaeaceae

| 香鳞始蕨 | *Osmolindsaea odorata* (Roxburgh)Lehtonen & christenhusz. |
| 乌蕨 | *Odontosoria chusana* (L.) ching |

10. 姬蕨科 Hypolepidaceae

| 姬蕨 | *Hypolepis punctata* (Thunb.) Mett. |

11. 蕨科 Pteridiaceae

毛蕨菜	*Callipteris esculentum* (Retz.) SW

12. 凤尾蕨科 Pteridaceae

溪边凤尾蕨	*Pteris terminalis*
狭叶凤尾蕨	*Pteris henryi* Christ
欧洲凤尾蕨	*Pteris nervosa* L.
半边旗凤尾蕨	*Pteris semipinnata* L.SP.
蜈蚣凤尾蕨	*Pteris vittata* L.

13. 中国蕨科 Sinopteridaceae

银粉背蕨	*Aleuritopteris argentea* (Gmel.) Fee
裸叶粉背蕨	*Aleuritopteris duclouxii* (Christ) Ching
棕毛粉背蕨	*Aleuritopteris rufa* (Don) Ching
大理碎米蕨	*Cheilanthes hancockii* Baker
黑足金粉蕨	*Onychium contiguum* christ
栗柄金粉蕨	*Onychium japonicum* var.*lucidum* （Don）christ
滇西旱蕨	*Cheilanthes brausei* Fraser−jenkins
小叶中国蕨	*Aleuritopteris albofusca.*Pic

14. 铁线蕨科 Adiantaceae

毛足铁线蕨	*Adiantum bonatianum* Brause
铁线蕨	*Adiantum capillus-veneris* L.
普通铁线蕨	*Adiantum edgeworthit* Hooker.

15. 裸子蕨科 Hemionitidaceae

普通凤丫蕨	*Coniogramme intermedia* Hieron.
耳羽金毛裸蕨	*Paragymnopteris bipinnata* var.auriculata (Franchet)K.H.Shing

16. 蹄盖蕨科 Athyriaceae

浅裂双盖蕨	*Diplazium lobulosum* (Wall. ex Mett.) Ching
深绿双盖蕨	*Diplaium viridissimum* Christ
毛叶对囊蕨	*Athyriopsis petersonii* (Kunze) M.kato
芽胞蹄盖蕨	*Athyrium clarkei* Bedd.
疏叶蹄盖蕨	*Athyrium dissitifolium* (Bak.) C. Chr.
华东蹄盖蕨	*Athyrium nipponicum* (Mett.) Hance
软刺蹄盖蕨	*Athyrium strigillosum* (Moore ex lowe) Moore ex Salom
膜叶冷蕨	*Cystopteris pellucida* (Franch.) Ching ex C.Chr.

17. 金星蕨科 Thelypteridaceae

耳羽钩毛蕨	*Cyclogramma auriculata* (J. Sm.) Ching

峨眉钩毛蕨	*Cyclogramma omeiensis* (Bak.) Tagawa
方秆蕨	*Glaphylopteridopsis erubescens* (Hook.) Ching
长根金星蕨	*Parathelypteris beddomei* (Bak.) Ching
披针新月蕨	*Pronephrium penangianum* (Hook.) Holtt.
西南假毛蕨	*Pseudocyclosorus esquirolii* (Christ) Ching
密毛紫柄蕨	*Pseudophegopteris hirtirachis* (C. Chr.) Holtt

18. 铁角蕨科 Aspleniaceae

北京铁角蕨	*Asplenium pekinense* Hance
变异铁角蕨	*Asplenium varians* Wall. ex Hook.et Grev
扁柄铁角蕨	*Asplenium yoshinogae* Makino
云南铁角蕨	*Asplenium exiguum* Beddome

19. 乌毛蕨科 Blechnaceae

| 顶芽狗脊 | *Woodwardia unigemmata* (Makino) Nakai |

20. 球盖蕨科 Peranemaceae

| 高轴鳞毛蕨 | *Dryopteris christensenae* （ching）LiBing zhang |

21. 鳞毛蕨科 Dryopteridaceae

刺齿贯众	*Cyrtomium caryotideum* (Wall. ex Hook. et Grev.)Presl
贯众	*Cyrtomium fortunei* J. Sm.
基生鳞毛蕨	*Dryopteris basisora* Christ
金冠鳞毛蕨	*Dryopteris chrysocoma* (Christ) C. Chr.
硬果鳞毛蕨	*Dryopteris fructuosa* (Christ) C. Chr.
狭鳞鳞毛蕨	*Dryopteris stenolepis* (Bak.) C. Chr.
半育鳞毛蕨	*Dryopteris sublacera* Christ
四回毛枝蕨	*Arachniodes quadripinnata* (Hayata) Serizawa
对生耳蕨	*Polystichum deltodon* (Bak.) Diels
云南耳蕨	*Polystichum jizhushanense* Christ
峨眉耳蕨	*Polystichum caruifolium* (Baker)Diels.
猫儿刺耳蕨	*Polystichum stimulans* (Kunze) ex mett.
对马耳蕨	*Polystichum tsus-simense* (Hook.)

22. 骨碎补科 Davalliaceae

| 鳞轴小膜盖蕨 | *Araiostegia perdurans* (Christ) Cop. |

23. 水龙骨科 Polypodiaceae

多羽节肢蕨	*Arthromeris mairei* (Brause) Ching
矩圆线蕨	*Leptochilus henryi* (Baker) X.C.zhang
滇鳞果星蕨	*Lepidomicrosorium hymenodes* (Kunze) W. M. Chu

二色瓦韦　　　　　*Lepisorus bicolor* Ching

扭瓦韦　　　　　　*Lepisorus contortus* (Christ) Ching

棕鳞瓦韦　　　　　*Lepisorus scolopendrium* (Ham. ex Don) Mehra et Bir

篦齿蕨　　　　　　*Goniphlebium manmeiense* (Christ) Rodl-Linder，

膜叶星蕨　　　　　*Microsorum membranceum* (D.Don) Ching

扇蕨　　　　　　　*Neocheiropteris palmatopedata* (Baker.) Christ

卵叶盾蕨　　　　　*Neolepisorus ovatus* (Bedd.) Ching

紫柄假瘤蕨　　　　*selliguea crenatopinnata* (C.B.clarke)S.GLu.

大果假瘤蕨　　　　*selliguea griffithiana* (Hook.) Fraser-Jenkins

三出假瘤蕨　　　　*selliguea trisecta* (Baker) Fraser-Jenkins.

蒙自拟水龙骨　　　*goniophlebium mengtzeense* HiEron

友水龙骨　　　　　*Goniophlebium amoenum* (Wall.ex Mett.) Ching

华北石韦　　　　　*Pyrrosia davidii* Baker Ching

24. 槲蕨科 Drynariaceae

石莲姜槲蕨　　　　*Drynaria propinqua* (Wall. ex Mett.) J. Sm.ex Bedd.

25. 剑蕨科 Loxogrammaceae

褐柄剑蕨　　　　　*Loxogramme duclouxii* Christ

云南油杉　　　　　*Keteleeria evelyniana* Mast.

二、种子植物

种子植物（共134科，355属，692种。其中，裸子植物按郑万均系统排列，被子植物按哈钦松系统排列。有 * 者为栽培物种）。

1. 松科 Pinaceae

华山松　　　　　　*Pinus armandii* Franch

云南松　　　　　　*Pinus yunnanensis* Franch.

黄杉　　　　　　　*Pseudotsuga sinensis* Dode

2. 杉科 Taxodiaceae

柳杉　　　　　　　*Cryptomeria japonica* var. sinensis Miquel.*

杉木　　　　　　　*Cunninghamia lanceolata* (Lamb.) Hook. *

3. 柏科 Cupressaceae

日本花柏　　　　　*Chamaecyparis pisifera* (Siebold. et Zuccarini.) Enelieher. *

干香柏　　　　　　*Cupressus duclouxiana* Hickel*

高山柏　　　　　　*Juniperus squamata* Buchanan-Hamilton ex D. Don*

刺柏　　　　　　　*Juniperus formosana* Hayata

侧柏　　　　　　　*Platycladus orientalis* (L.) Franco*

| 圆柏 | *Juniperus chinensis* L.* |
| 昆明柏 | *Juniperus gaussenii* W.C.cheng* |

4. 木兰科 Magnoliaceae

山玉兰	*Lirianthe delavayi* (Franchet)N.H.Xia & C.Y.Wu.
荷花玉兰	*Magnolia grandiflora* L.*
木莲	*Manglietia fordiana* Oliv.
云南含笑	*Michelia yunnanensis* Franch ex Finet et Gagnep.

5. 八角科 Illiciaceae

| 野八角 | *Illicium simonsii* Maxim. |

6. 五味子科 Schisandraceae

南五味子	*Kadsura longipedunculata* Finet et Gagnep.
翼梗五味子	*Schisandra henryi* Clarke
合蕊五味子	*Schisandra propingqua* (Wall.) Baill.

7. 樟科 Lauraceae

樟	*Cinnamomum camphora* (L.) Presl
云南樟	*Cinnamomum glanduliferum* (Wall.) Nees
少花桂	*Cinnamomum pauciflorum* Nees
红果树	*Stranvaesia davidiana* Dcne.
黑壳楠	*Lindera megaphylla* Hemsl.
菱叶钓樟	*Lindera supracostata* Lec.
木姜子	*Litsea pungens* Hemsl.
红叶木姜子	*Litsea rubescens* Lec.
长梗润楠	*Machilus duthiei* King ex J.D.Hooker
滇润楠	*Machilus yunnanensis* Lec.
竹叶楠	*Phoebe faberi* (Hemsl.) Chun
白楠	*Phoebe neurantha* (Hemsl.) Gamble

8. 毛茛科 Ranunculaceae

草玉梅	*Anemone rivularis* Buch.–Ham.
野棉花	*Anemone vitifolia* Buch.–Ham.
小木通	*Clematis armandii* Franch.
威灵仙	*Clematis chinensis* Osbeck
滑叶藤	*Clematis fasciculiflora* Franch.
绣球藤	*Clematis montana* Buch.–Ham.ex DC.
滇川翠雀花	*Delphinium delavayi* Franch.
翠雀	*Delphinium grandiflorum* L.

小回回蒜	*Ranunculus cantoniensis* DC.
毛茛	*Ranunculus chinensis* Bunge
石龙内	*Ranunculus sceleratus* L.
南马尾黄连	*Thalictrum delavayi* Franch.

9. 金鱼藻科 Ceratophyllaceae

| 金鱼藻 | *Ceratophyllum demersum* L. |

10. 防己科 Menispermaceae

| 毛木防已 | *Cocculus orbiculatum* (L.) DC. var. *mollis* (Hook.f. et Thoms) Hara |

11. 小檗科 Berberidaceae

粉果小檗	*Berberis centiflora* Diels
金花小檗	*Berberis wilsonae* Hemsl.
十大功劳	*Mahonia duclouxiana* Gagn.

12. 木通科 Lardizabalaceae

| 猫儿屎 | *Decaisnea fargesii* Franch. |
| 五月瓜藤 | *Holboellia fargesii* Reaub. |

13. 马兜铃科 Aristolochiaceae

| 云南马兜铃 | *Aristolochia yunnanensis* Franch. |

14. 胡椒科 Piperaceae

| 豆瓣绿 | *Piperomia tetraphylla* (Forst. f.) Weght et Arn. |

15. 紫堇科 Fumariaceae

| 金钩如意草 | *Corydalis taliensis* Franch. |

16. 山柑科 Capparidaceae

| 猫胡子花 | *Capparis bodinieri* Levl. |

17. 十字花科 Cruciferae

油菜	*Brassica campestris* L. var. *oleifera* DC.*
苦菜	*Brassica integrifolia* (Willd.) Pupr.*
白菜	*Brassica pekinensis* (Lour.) Ripr.*
独行菜	*Lepidium apetalum* Willd.
萝卜	*Raphanus sativus* L.*
焊菜	*Rorippa montana* (Wall.) Sm.

18. 堇菜科 Violaceae

地草果	*Viola betonicifolia* Smith
宝剑草	*Viola philippica* Cav.
浅圆齿堇菜	*Viola schneideri* Beck.

19. 远志科 Polygalaceae

荷包山桂花	*Polygala arillata* Buch.–Ham. ex D. Don
小扁豆	*Polygala tatarinowii* Regel

20. 虎耳草科 Saxifragaceae

溪畔升麻	*Astilbe rivularis* D. Don
牙生虎耳草	*Saxifraga gemmipara* Franch.

21. 石竹科 Caryophyllaceae

线叶蚤缀	*Arenaria linearifolia* Franch.
洱源瓦草	*Melandrium lankongense* (Franch.) Hadd.–Mazz.
抽筋草	*Stellaria aquaticum* (L.) Scop.
星毛繁缕	*Stellaria vestita* Kurz
千针万线草	*Stellaria yunnanensis* Franch.
王不留行	*Vaccaria segetalis* (Neck.) Garcke

22. 蓼科 Polygonaceae

两栖蓼	*Polygonum amphibium* L.
扁蓄	*Polygonum aviculare* L.
头花蓼	*Polygonum capitatum* D. Don
金荞麦	*Polygonum cymosum* Trev.
黑果拔毒散	*Polygonum dielsii* Levl.
辣蓼	*Polygonum hydropiper* L.
大马蓼	*Polygonum leptopodum* Diels
何首乌	*Polygonum multiflorum* Thunb.
尼泊尔蓼	*Polygonum nepalense* Meisn.
草血竭	*Polygonum paleaceum* Wall.
戟叶酸模	*Rumex hastatus* D. Don
土大黄	*Rumex nepalensis* Spreng.

23. 商陆科 Phytolaccaceae

商陆	*Phytolacca acinosa* Roxb.

24. 藜科 Chenopodiaceae

牛皮菜	*Beta vulgaris* L.*
土荆芥	*Chenopodium album* L. *
菠菜	*Spinacia oleracea* L.*

25. 苋科 Amaranthaceae

土牛膝	*Achyranthes aspera* L.
喜旱莲子草	*Alternanthera philoxeroides* (Mart.) Griseb.

26. 茳牛儿苗科 Geraniaceae

尼泊尔老鹳草   *Geranium nepalense* Sweet

旱红鱼醒草   *Geranium robestianum* L.

27. 酢奖草科 Oxalidaceae

酢浆草   *Oxalis corniculata* L.

三块瓦   *Oxalis griffithii* Edgew. Et Hook. f.

28. 凤仙花科 Balsaminaceae

水凤仙   *Impatiens aquatilis* Hook. f.

29. 千屈菜科 Lythraceae

圆叶节节菜   *Rotala rotundifolia* (Roxb.) Koehne

30. 柳叶菜科 Onagraceae

匍匐谷蓼   *Circaea repens* Asch. Et Mag.

沼柳叶菜   *Epilobium blinii* Levl.

红花月见草   *Oenothera rosea* Ait.

31. 小二仙科 Halorrhagaceae

小二仙草   *Haloragis microantha* (Thunb.) Sieb. et Zucc.

狐尾藻   *Myriophyllum spicatum* L.

32. 水马齿科 Callitrichaceae

水马齿   *Callitriche stagnalis* Scop.

33. 瑞香科 Thymelaeaceae

滇瑞香   *Daphne feddei* Levl.

荛花   *Wikstroemia canescens* (Wall.) Meissn.

34. 马桑科 Coriariaceae

马桑   *Coriaria sinica* Maxim.

35. 海桐花科 Pittosporaceae

柄果海桐   *Pittosporum podocarpum* Gagn.

36. 大风子科 Flacourtiaceae

柞木   *Xylosma racemosa* (S. et Z.) Miq.

37. 葫芦科 Cucurbitaceae

南瓜   *Cucurbita moschata* (Duch.) Poiret*

绞股兰   *Gynostemma pentaphyllum* (Thunb.) Makino

锣锅底   *Hemsleya amabilis* Diels

异叶马交儿   *Solena heterophylla* Lour.

38. 秋海棠科 Begoniaceae

柔毛秋海棠   *Begonia henryi* Hemsl.

39. 仙人掌科 Cactaceae

| 仙人掌 | *Opuntia monacantha* (Willd.) Haw. |

40. 茶科 Theaceae

山茶花	*Camellia pitardii* var. *yunnanensis* Sealy
丽江柃	*Eurya handel-mazzetii* Chang
细齿柃	*Eurya nitida* Korthals
银木荷	*Schima argentea* Pritz.
厚皮香	*Ternstroemia gymnanthera* (Wight et Arn.) Sprague

41. 猕猴桃科 Actinidiaceae

| 山羊桃 | *Actinidia callosa* Lindl. |

42. 野牡丹科 Melastomataceae

| 金锦香 | *Osbeckia chinensis* L. |
| 朝天罐 | *Osbeckia crinita* Benth. ex Clarke |

43. 金丝桃科 Hypericaceae

二列叶金丝桃	*Hypericum eudistichum* Stapf
地耳草	*Hypericum japonicum* Thunb. Ex Murray
芒种花	*Hypericum uralum* Buch.–Ham. ex D. Don

44. 锦葵科 Malvaceae

中华野葵	*Malva verticillata* var. *chinensis* (Miller) S.Y.Hu
白背黄花稔	*Sida rhombifolia* L.
云南地桃花	*Urena lobata* L. var. *yunnanensis* S. Y. Hu

45. 大戟科 Euphorbiaceae

铁苋菜	*Acalypha australis* L.
鸡肠狼毒	*Euphorbia prolifera* Don
土沉香	*Excoecaria acerifolia* Didrich.
狭叶雀儿舌头	*Leptopus atenuata* (Hadd.–Mazz.) Pojarkova
余甘子	*Phyllanthus emblica* L.
木叶叶下珠	*Phyllanthus parvifolius* Buch.–Ham.

46. 八仙花科 Hydrangeaceae

长叶溲疏	*Deutzia longifolia* Franch.
云南绣球	*Hydrangea yunnanensis* Rehd.
山梅花	*Philadelphus henryi* Koehne

47. 蔷薇科 Rosaceae

| 黄龙尾 | *Agrimonia nepalensis* Don |
| 西南栒子 | *Cotoneaster franchetii* Boiss. |

小叶栒子	*Cotoneaster microphyllus* Lindl.
山楂	*Crataegus scabrifolia* (Franch.) Rehd.
白牛筋	*Dichotomanthus tristaniaecarpa* Kurz.
云南多衣	*Docynia delavayi* (Fr.) Schneid
蛇莓	*Duchesnea indica* (Andre) Forke
倒卵叶枇杷	*Eriobotrya obovata* Smith
白泡	*Fragaria nilgerrensis* Gay.
水杨梅	*Geum japonicum* Thunb. var. *chinensis* Bolle
少花奈梨	*Neillia affinis* var. *pauciflora* (Rehd.) J. Vidal
华西小石积	*Osteomeles schwerinae* Schneid.
球花石楠	*Photinia glomerata* Rehd. et Wils
带叶石楠	*Photinia loriformis* Smith
翻白叶	*Potentilla fulgens* Wall. ex Heek.
长柔毛委陵菜	*Potentilla griffithii* Hook. f.
蛇含	*Potentilla kleiniana* Wight et Arn.
青刺尖	*Prinsepia utilis* Royle
山樱	*Prunus duclouxii* Koehne
梅花	*Prunus mume* Sieb. et Zucc.
窄叶火把果	*Pyracantha angustifolia* (Franch.) Schneid.
火棘	*Pyracantha fortuneana* (Mavx.) Li
棠梨刺	*Pyrus pashia* Don
常绿蔷薇	*Rosa longicuspis* Bert.
大花蔷薇	*Rosa odorata* var. *gigantea* (Coll. et Hemsl.) Rehd. et Wils.
粉枝悬钩子	*Rubus biflorus* Smith
鸡脚泡	*Rubus delavayi* Franch.
黄泡	*Rubus ellipticus* Smith
覆盆子	*Rubus foliolosus* Don
红毛悬钩子	*Rubus pinfaensis* Levl. Et Van.
地榆	*Sanguisorba officinalis* L.
绣线菊	*Spiraea japonica* L. f.
马丁绣线菊	*Spiraea martinii* Levl.

48. 苏木科 Caesalpiniaceae

马鞍叶羊蹄甲	*Bauhinia faberi* Oliv.
云实	*Caesalpinia sepiaria* Roxb.
水皂角	*Cassia mimosoides* L.

| 滇皂角 | *Gleditsia delavayi* Franch. |
| 老虎刺 | *Pterolobium punctatum* Hemsl. |

49. 含羞草科 Mimosaceae

| 鱼骨松 | *Acacia decurrens* Willd. Var. dealbata Muell. |
| 毛叶合欢 | *Albizia mollis* (Wall.) Boiv. |

50. 蝶形花科 Papilionaceae

丽江土栾儿	*Apios delavayi* Franch.
地八角	*Astragalus bhotanensis* Baker
大红袍	*Campylotropis hirtella* (Franch.) Schindl.
小雀花	*Campylotropis polyantha* (Franch.) Schindl.
三棱枝杭子稍	*Campylotropis trigonoclada* (Franch.) Schindl.
巴豆藤	*Craspedolobium schochii* Harms
响铃豆	*Crotolaria albida* Heyne
象鼻黄檀	*Dalbergia mimosoides* Franch.
圆锥山蚂蝗	*Desmodium esquirolii* Levl.
疏果假地豆	*Desmodium griffithianum* Benth.
小叶三点金草	*Desmodium microphyllum* (Thunb.) DC.
波叶山蚂蝗	*Desmodium sequax* Wall.
马棘	*Indigofera pseudotinctoria* Matsum.
腺毛木蓝	*Indigofera scabrida* Dunn
鸡眼草	*Kummerowia striata* (Thunb.) Schindl.
铁扫帚	*Lespedeza cuneata* (Dum.) Don
百脉根	*Lotus cornilatus* L.
天蓝木宿	*Medicago lupulina* L.
黄花草木樨	*Melilotus officinalis* (L.) Desr.
大发汗	*Milletia bonatiana* Pamp.
金雀花	*Parochetus communis* DC.
野葛藤	*Pueraria lobata* (Willd.) Ohwi
小鹿藿	*Rhynchosia minima* (L.) DC.
刺槐	*Robinia pseudo-acacia* L.
毛宿苞豆	*Shuteria vestita* (Grah.) Wight et Arn.
苦刺花	*Sophora davidii* (Franch.) Pavol.
红花三叶草	*Trifolium pratense* L.
白花三叶草	*Trifolium repens* L.
丁葵草	*Zornia diphylla* (L.) Pers.

51. 旌节花科 Stachyuraceae

西域旌节花　　　*Stachyurus himalaycus* Hook. f.

52. 黄杨科 Buxaceae

三只板凳脚　　　*Pachysandra axillaris* Franch.

清香桂　　　　　*Sarcococca ruscifolia* Stapf

53. 杨柳科 Salicaceae

响叶杨　　　　　*Populus davidiana* Dode

滇杨　　　　　　*Populus yunnanensis* Dode

垂柳　　　　　　*Salix babylonica* L.

四子柳　　　　　*Salix tetrasperma* Roxb.

54. 杨梅科 Myricaceae

矮杨梅　　　　　*Myrica nana* Cheval.

55. 桦木科 Betulaceae

旱冬瓜　　　　　*Alnus nepalensis* D. Don

56. 榛科 Corylaceae

云南鹅耳枥　　　*Carpinus monbeigiana* Hand.–Mazz.

滇榛　　　　　　*Corylus yunnanensis* (Franch.) Camus

57. 壳斗科 Fagaceae

板栗　　　　　　*Castanea mollissima* Bl.

高山栲　　　　　*Castanopsis delavayi* Franch.

元江栲　　　　　*Castanopsis orthacantha* Franch.

黄毛青冈　　　　*Cyclobalanopsis delavayi* (Franch.) Schottky

滇青冈　　　　　*Cyclobalanopsis glaucoides* Schottky

滇石栎　　　　　*Lithocarpus dealbatus* (Hook. f. et Thoms) Rehd.

白穗石栎　　　　*Lithocarpus leucostachyus* Camus

光叶石栎　　　　*Lithocarpus mairei* (Schottky) Rehd.

麻栎　　　　　　*Quercus acutissima* Carr.

槲栎　　　　　　*Quercus aliena* Bl.

云南柞栎　　　　*Quercus dentata* Thunb. var. *oxyloba* Franch.

锥连栎　　　　　*Quercus franchetii* Skan.

黄背栎　　　　　*Quercus pannosa* Hand.–Mazz.

光叶高山栎　　　*Quercus rehderiana* Hadd.–Mazz.

灰背栎　　　　　*Quercus senescens* Hand.–Mazz.

栓皮栎　　　　　*Quercus variabilis* Bl.

58. 榆科 Ulmaceae

| 滇朴 | *Celtis yunnanensis* Schneid. |
| 毛榆 | *Ulmus wilsoniana* Schneid. |

59. 桑科 Moraceae

构树	*Broussonetia papyrifera* (L.) Vent
柘树	*Cudrania tricuspidata* (Carr.) Burr.
昆明珍珠莲	*Ficus duclouxii* Levl. et Van
佛掌榕	*Ficus hirta* Vahl
泪滴珍珠莲	*Ficus lacrymans* Levl.
葡茎珍珠莲	*Ficus sarmentosa* Smith
珍珠莲	*Ficus sarmentosa* var. *henryi* (Oliv.) Corner
鸡桑	*Morus australis* Poir

60. 荨麻科 Urticaceae

序叶苎麻	Boehmeria clidemioides Miq.
水麻柳	*Debregeasia edulis* (Sieb. et Zucc.) Wedd.
长叶水麻柳	*Debregeasia longifolia* (Burm. f.) Wedd.
异叶楼梯草	*Elatostema monandrum* (Don) Hara
钝叶楼梯草	*Elatostema obtusum* Wedd.
毛果蝎子草	*Girardinia palmata* (Forsk) Gard.
糯米团	*Memorialis hirta* (Bl.) Wedd.
石筋草	*Pilea plataniflora* C. H. Wright
大叶冷水花	*Pilea martinii* (Levl) Hand.–Mazz.
粗齿冷水花	*Pilea sinofaciata* C. J. Chen
阴地冷水花	*Pilea umbrosa* Bl.
红雾水葛	*Pouzozia sanguinea* (Bl.) Merr.
荨麻	*Urtica fissa* Pritz.
云南荨麻	*Urtica mairei* Levl.

61. 冬青科 Aquifoliaceae

刺叶冬青	*Ilex bioritsensis* Hayata
珊瑚冬青	*Ilex corallina* Franch.
大果冬青	*Ilex macrocarpa* Oliv.
川冬青	*Ilex szechwanensis* Loes.

62. 卫矛科 Celastraceae

| 南蛇藤 | *Celastrus angulatus* Maxim. |
| 大芽南蛇藤 | *Celastrus gemmatus* Loesen. |

扶芳藤   *Evonymus fortunei* (Turcz.) Hand.–Mazz.

大花卫矛   *Evonymus grandiflorus* Wall.

63. 铁青树科 Olacaceae

羊脆骨   *Schoepfia jasminodora* S. et Z.

64. 桑寄生科 Loranthaceae

桑寄生   *Scurrula parasitica* L.

扁枝槲寄生   *Viscum articulatum* Burm.f.

65. 檀香科 Santalaceae

沙针   *Osyris wightiana* Wall.

66. 鼠李科 Rhamnaceae

多花钩儿茶   *Berchemia hirtella* Tsai et Fang

拐枣   *Hovenia acerba* Lindl.

多脉猫乳   *Rhamnella martinii* (Levl.) Schneid.

薄叶鼠李   *Rhamnus leptophyllus* Schneid.

雀梅藤   *Sageretia thea* (Osbeck.)Johnst.

67. 胡颓子科 Elaeagnaceae

羊奶果   *Elaeagnus umbellata* Thunb.

68. 葡萄科 Vitaceae

三裂蛇葡萄   *Amelocissus delavayana* Franch.

细叶乌蔹莓   *Cayratia tenuifolia* (Wight et Arn.) Gagnep.

三叶爬山虎   *Parthenocissus himalayana* (Royle) Planch.

白背崖爬藤   *Tetrastigma hypoglaucum* Franch.

菱叶崖爬藤   *Tetrastigma triphyllum* (Gagnep.) W. T. Wang

野葡萄   *Vitis thunbergii* S. et Z.

69. 芸香科 Rutaceae

松风草   *Boenninghausenia albiflora* (Hook.) Meisn.

石交草   *Boenninghausenia sessilicarpa* Levl.

吴茱萸   *Euodia rutaecarpa* (Juss.) Benth.

飞龙掌血   *Toddalia asiatica* (L.) Lam

毛刺花椒   *Zanthoxylum acanthopodium* DC.

竹叶花椒   *Zanthoxylum armatum* DC.

花椒   *Zanthoxylum bungeanum* Maxm.*

花椒勒   *Zanthoxylum scandens* Bl.

70. 苦木科 Simarubaceae

大果臭椿   *Ailanthus sutchuenensis* Dode

71. 楝科 Meliaceae

川楝	*Melia toosenden* Sieb. et Zucc.*
香椿	*Toona sinensis* (Juss.) Roem.*

72. 无患子科 Sapindaceae

皮哨子	*Sapindus delavayi* (Franch.) Radlk.

73. 槭树科 Aceraceae

青皮槭	*Acer cappadocicum* Gled. var. *sinicum* Rehd.
光叶槭	*Acer laevigatum* Wall.

74. 清风藤科 Sabiaceae

云南泡花树	*Meliosma yunnanensis* Franch.
平伐清风藤	*Sabia dielsii* Levl.
云南清风藤	*Sabia yunnanensis* Franch.

75. 省沽油科 Staphyleaceae

云南山香园	*Turpinia yunnanensis* W.C.Wu et C.D.Chu

76. 漆树科 Anacardiaceace

黄连木	*Pistacia chinensis* Bunge
清香木	*Pistacia weinmannifolia* Franch.
盐肤木	*Rhus chinensis* Mill.
小漆树	*Toxicodendron delavayi* (Franch.) Barkley
野漆树	*Toxicodendron succedaneum* (L.) Kuntze

77. 胡桃科 Juglandaceae

毛叶黄杞	*Engelhardtia colebrookeana* Lindl. ex Wall.
野核桃	*Juglans cathayensis* Dode
核桃	*Juglans regia* L.*
化香	*Platycarya strobilacea* S. et Z.

78. 山茱萸科 Cornaceae

灯台树	*Cornus controversa* Prain
小栎木	*Cornus paucinervis* Hance
鸡嗉子果	*Dendrobenthamia capitata* (Wall.) Hutch.
叶上花	*Helwingia japonica* (Thunb.) Dietr.

79. 八角枫科 Alangiaceae

八角枫	*Alangium chinensis* (Lour.) Harms

80. 五加科 Araliaceae

白勒	*Acanthopanax trifoliatus* (L.) Merr.
葱木	*Aralia chinensis* L.

盘叶柏那参	*Brassaiopsis fatsioides* Harms
常春藤	*Hedera nepalensis* K. Koch.
梁王茶	*Nothopanax delavayi* (Franch.) Diels
穗序鹅掌柴	*Schefflera delavayi* (Fr.) Harms
白背鹅掌柴	*Schefflera hypochlorum* Feng et Y. R. Li
通脱木	*Trevesia papyriferus* (Hook.) Koch

81. 伞形科 Umbelliferae

小柴胡	*Bupleurum tenue* Don
积雪草	*Centella asiatica* (L.) Urban
芫荽	*Coriandrum sativum* L.*
胡萝卜	*Daucus carota* L.*
回香	*Foeniculum vulgare* Mill.*
滇白止	*Heracleum scabridum* Franch，
长梗天胡荽	*Hydrocotyle chinensis* (Dunn) Craib
少花水芹	*Oenanthe benghalensis* (Roxb.) Benth.
水芹	*Oenanthe javanica* (Bl.) DC.
线叶水芹	*Oenanthe linearis* Wall.
杏叶防风	*Pimpinella candolleana* Wight et Arn.
竹叶防风	*Seseli mairei* Wolff
窃衣	*Torilis japonica* (Houtt.) DC.

82. 杜鹃花科 Ericaceae

地檀香	*Gaultheria forrestii* Diels
滇白珠	*Gaultheria griffithiana* Wight
卵叶南烛	*Lyonia ovalifolia* (Wall.) Drude
马醉木	*Pieris formosa* (Wall.) Don
大白花杜鹃	*Rhododendron decorum* Franch.
马缨花	*Rhododendron delavayi* Franch.
小白花杜鹃	*Rhododendron siderophyllum* Franch.
碎米花杜鹃	*Rhododendron speciferum* Franch.
炮仗花杜鹃	*Rhododendron spinuliferum* Franch.

83. 鹿蹄草科 Pyrolaceae

| 鹿含草 | *Pyrola decorata* Andres |

84. 越桔科 Vacciniaceae

| 乌饭树 | *Vaccinium bracteatum* Thunb. |
| 樟叶乌饭 | *Vaccinium dunalianum* Wight |

老鸦炮	*Vaccinium fragile* Franch.
米饭花	*Vaccinium sprengelii* (Don) Sleum

85. 柿树科 Ebenaceae

野柿	*Diospyros kaki* Thunb.*
君迁子	*Diospyros lotus* L.
小叶柿	*Diospyros molifolia* Rehd. et Wils

86. 紫金牛科 Myrsinaceae

朱砂根	*Ardisia crenata* Sims
杜茎山	*Maesa montana* DC.
小铁仔	*Myrsine africana* L.
密花树	*Rapanea yunnanensis* Mez

87. 野茉莉科 Styracaceae

大花野茉莉	*Styrax macranthus* Perkins

88. 灰木科 Symplocaceae

华灰木	*Symplocos paniculata* (Thunb.) Miq.

89. 马钱科 Loganiaceae

七里香	*Buddleja asiatica* Lour.
密蒙花	*Buddleja officinalis* Maxin.

90. 木樨科 Oleaceae

流苏木	*Chionanthus retusus* Lindl. Et Paxt.
光蜡树	*Fraxinus griffithii* Clarke
红素馨	*Jasminum beesianum* Forrest et Diels
小黄素馨	*Jasminum humile* L.
迎春花	*Jasminum mesnyi* Hance
素方花	*Jasminum officinale* L.
木本素馨	*Jasminum seguini* Levl.
长叶女贞	*Ligustrum compactum* (DC.) Brandis
女贞	*Ligustrum lucidum* Ait.*
小叶女贞	*Ligustrum quihoui* Carr.
常绿假丁香	*Ligustrum sempervirens* (Franch.) Lingelsh.
云南木樨榄	*Olea yunnanensis* Hand.–Mazz，

91. 夹竹桃科 Apocynaceae

鸡骨常山	*Alstonia yunnanensis* Diels
夹竹桃	*Nerium indicum* Mill.
贵州络石	*Trachelospermum bodinieri* (Levl.) Rehd.

| 乳儿绳 | *Trachelospermum cathayanum* Schneid. |

92. 萝摩科 Asclepiadaceae

古钩藤	*Cryptolepis buchananii* Roem. et Schult.
大理白前	*Cynanchum forrestii* Schlechter
青羊参	*Cynanchum otophyllum* Schneid.
通光散	*Marsdenia tenacissima* (Roxb.) Moon
青蛇藤	*Periploca calophylla* (Wight) Falcon.
飞仙藤	*Periploca forrestii* Schltr.
云南娃儿藤	*Tylophora yunnanensis* Schltr.

93. 茜草科 Rubiaceae

猪殃殃	*Galium aparine* L.
八仙草	*Galium asperifolium* Wall.
小钩耳草	*Hydyotis uncinella* Hook. et Arn.
长毛野丁香	*Leptodermis pilosa* Diels
野丁香	*Leptodermis potanini* Batalin
鸡屎藤	*Paederia scandens* (Lour.) Merr.
滇鸡屎藤	*Paederia yunnanensis* (Levl.) Rehd.
茜草	*Rubia cordifolia* L.
光茎茜草	*Rubia leiocaulis* Diels
钩茎茜草	*Rubia oncotricha* Hand.–Mazz.
小红参	*Rubia yunnanensis* Diels

94. 忍冬科 Caprifoliaceae

云南双盾	*Dipelta yunnanensis* Franch.
鬼吹箫	*Leycesteria formosa* Wall.
野金银花	*Lonicera acuminata* Wall.
须蕊忍冬	*Lonicera koehneana* Rehd.
血满草	*Sambucus adnata* Wall.
蓝果夹迷	*Viburnum atrocyaneum* Clarke
密花夹迷	*Viburnum congestum* Rehd.
水红木	*Viburnum cylindricum* D. Don
臭夹迷	*Viburnum foetidum* Wall.

95. 败酱科 Valerianaceae

| 长序缬草 | *Valeriana hardwickii* Wall. |
| 马蹄香 | *Valeriana jatamansii* Jones |

96. 川续断科 Dipsacaceae

| 川续断 | *Dipsacus asper* Wall. |
| 大花双生 | *Triplostegia grandiflora* Gagnep. |

97. 菊科 Asteraceae

下田菊	*Adenostemma lavenia* (L.) O.Kuntze
心叶兔儿风	*Ainsliaea bonatii* Beauvd.
叶下花	*Ainsliaea pertyoides* Franch.
宽穗兔儿风	*Ainsliaea latifolia* (Don) Schultz–Bip.
云南兔儿风	*Ainsliaea yunnanensis* Franch.
粘毛香清	*Anaphalis bulleyana* (Jeffr.) Chang
被叶香清	*Anaphalis chlamydophylla* Diels
珠光香清	*Anaphalis margaritacea* (L.) Benth. et Hook. f.
翼茎香清	*Anaphalis pterocaula* Maxim.
疏叶香清	*Anaphalis sinica* Hance
黄花蒿	*Artemisia annua* L.
青蒿	*Artemisia apiacea* Hance
艾蒿	*Artemisia argyi* Levl. et Vant.
苦蒿	*Artemisia codonocephala* Diels
牡蒿	*Artemisia japonica* Thunb.
牛尾蒿	*Artemisia subdigitata* Mattf.
毛莲蒿	*Artemisia vestita* Wall.
三脉山白菊	*Aster ageratoides* Turcz.
山地紫菀	*Aster oreophilus* Franch.
密叶紫菀	*Aster pycnophyllus* Smith
美洲紫菀	*Aster subulatus* Michx.
鬼针草	*Bidens bipinnata* L.
飞廉	*Cardus crispus* L.
天名精	*Carpesium abrotanoides* L.
挖耳草	*Carpesium cernuum* L.
鸡脚刺	*Cirsium chlorolepis* Petr.
小白酒草	*Conyza canadensis* (L.) Cronq.
白酒草	*Conyza japonica* Less.
革命菜	*Crassocephalum crepidioides* (Benth.) S. Moore
绿茎还阳参	*Crepis lignea* (Vant.) Babc.
川滇还阳参	*Crepis rigescens* Diels
野菊	*Dendranthema indica* (L.) Des.

鱼眼草	*Dichrocephala auriculata* (Thunb.) Druce
一点红	*Emilia sonchifolia* (L.) DC.
灯盏花	*Erigeron breviscapus* (Vant.) Hand.–Mazz.
异叶泽兰	*Eupatorium heterophyllum* DC.
紫茎泽兰	*Eupatorium adenophorum* Spreng
辣子草	*Galinsoga parviflora* Cav.
钩苞大丁草	*Gerbera delavayi* Franch.
毛灯草	*Gerbera piloselloides* (L.) Cass.
清明菜	*Gnaphalium affine* Don
秋鼠菊草	*Gnaphalium hypoleucum* DC.
滇紫背天葵	*Gynura pseudo-china* (L.) DC.
白牛胆	*Inula cappa* (Buch.–Ham.) DC.
水朝阳旋覆花	*Inula helianthus-aquatica* Ling
小黑药	*Inula nervosa* Wall.
细叶苦买	*Ixeris gracilis* Stebb.
马兰	*Kalimeris indica* (L.) Sch.–Bip.
臭灵丹	*Laggera alata* (Roxb.) Sch.–Bip.
翅茎臭灵丹	*Laggera pterodonta* (DC.) Benth.
戟叶火绒草	*Leontopodium dedekensii* (Bur. Et Franch.) Beauvd.
华火绒草	*Leontopodium sinense* Hemsl.
钻叶火绒草	*Leontopodium subulatum* (Franch.) Beauvd.
尼泊尔千星菊	*Myriactis nepalensis* Less.
马耳山千星菊	*Myriactis wightii* DC.
滇毛莲菜	*Picris divaricata* Vant.
三角叶风毛菊	*Saussurea deltoidea* (DC.) Clarke
密花千里光	*Senecio densiflorus* Wall.
污泥千里光	*Senecio luticola* Dunn
千里光	*Senecio scandens* Buch.–Ham.
稀签	*Siegesbeckia orientalis* L.
苦买菜	*Sonchus arvensis* L.
蒲公英	*Taraxacum mongolicum* Hand.–Mazz.
斑鸠菊	*Vernonia esculenta* Hemsl.
苍耳	*Xanthium sibiricum* Potr.
黄鹌菜	*Youngia japonica* (L.) DC.

98. 龙胆科 Gentianaceae

头花龙胆	*Gentiana cephalantha* Franch.
昆明龙胆	*Gentiana duclouxii* Franch.
红花龙胆	*Gentiana rhodantha* Franch.
獐牙菜	*Swertia bimaculata* (S. et Z.) Hook.f. et Thoms.
西南獐牙菜	*Swertia cincta* Burkill.
大子獐牙菜	*Swertia macrospermum* Clarke
脉瓣獐牙菜	*Swertia nervosa* Wall.
紫红獐牙菜	*Swertia punicea* Hemsl.
黄绿双蝴碟	*Tripterospermum volubile* (D. Don) H. Sm.

99. 睡菜科 Menyanthaceae

| 杏菜 | *Nymphoides peltatum* (Gmel.) O. Kuntze |

100. 报春花科 Primulaceae

锈毛过路黄	*Lysimachia congestiflora* Hemsl.
裸头过路黄	*Lysimachia gymnocephala* Hand.–Mazz.
长蕊珍珠菜	*Lysimachia lobelioides* Wall.
小叶珍珠菜	*Lysimachia parvifolia* Franch.
小报春	*Primula forbesii* Franch.

101. 车前草科 Plantaginaceae

| 平前草 | *Plantago depresa* Willd. |
| 前草 | *Plantago major* L. |

102. 桔梗科 Campanulaceae

云南沙参	*Adenophora bulleyana* Diels
西南牧根草	*Asyneuma fulgens* (Wall.) Briq.
西南风铃草	*Campanula pallida* Wall.
大花金钱豹	*Campanumoea javanica* Bl.
鸡蛋参	*Codonopsis convolvulacea* Kurz.
胀萼蓝钟花	*Cyananthus inflatus* Hook. f. et Thoms.
同钟花	*Homocodon brevipes* (Hemsl.) Hong
蓝花参	*Wahlenbergia marginata* (Thunb.) DC.

103. 半边莲科 Lobeliaceae

| 野烟 | *Lobelia seguinii* Levl. et Van. |
| 铜锤玉带草 | *Pratia nummularia* (Lam.) A. Br. et Aschers. |

104. 紫草科 Boragiaceae

| 狗屎花 | *Cynoglossum amabile* Stapf et Drumm |

滇厚壳树	*Ehretia corylifolia* Wright
云南紫草	*Lithospermum hancockiana* Oliv.
露蕊滇紫草	*Onosma exsertum* Hemsl.
滇紫草	*Onosma paniculatum* Bur. Et Franch.
伏地菜	*Trigonotis peduncularis* (Trev.) Baker et Moore

105. 茄科 Solanaceae

曼陀罗	*Datura stramonium* L.
假酸浆	*Nicandra physaloides* (L.) Gaertn
刺天茄	*Solanum indicum* L.
白英	*Solanum lyratum* Thunb.
茄	*Solanum melongena* L.*
龙葵	*Solanumnigrum* L.
洋芋	*Solanum tuberosum* L.*
假烟叶树	*Solanum verbascifolium* L.

106. 旋花科 Convolvulaceae

大碗花	*Calystegia hederacea* Wall.
马蹄金	*Dichondra repens* Forst
山土瓜	*Merremia hungaiensis* (Lingesh. et Borrza) R. C. Fang
牵牛花	*Pharbitis nil* (L.) Choisy

107. 玄参科 Scrophulariaceae

来江藤	*Brandisia hancei* Hook. f.
鞭打绣球	*Hemiphragma heterophyllum* Wall.
石龙尾	*Limnophila sessiliflora* (Vahl) Bl.
通泉草	*Mazus pumilus* (Burm.f.) Steenis
匍生沟酸浆	*Mimulus bodinieri* Vant.
四叶马先蒿	*Pedicularis comptoniaefolia* Maxim.
纤细马先蒿	*Pecicularis gracilis subsp.* Sinensis (Li) Tsoong
江南马先蒿	*Pedicularis henryi* Maxim.
松蒿	*Phtheirospermum japonicum* (Thunb.) Kanitz
细裂叶松蒿	*Phtheirospermum tenuisectum* Bur. Et Franch.
翅茎草	*Pterygiella nigrescens* Oliv.
高玄参	*Scrophularia elatior* Wall.
水蔓箐	*Veronica linariifolia subsp.* Dilatata (Nakai) Hong
蚊母草	*Veronica peregrina* L.
水苦买	*Veronica undulata* Wall.

108. 里藻科 Lentibulariaceae

黄花里藻	*Utricularia aurea* Lour.

109. 苦苣苔科 Gesneriaceae

牛耳草	*Corallodiscus flabellatus* (Franch.) Burtt.
石蝴蝶	*Petrocosmea duclouxii* Craib.
长冠苣苔	*Rhabdothamnopsis chinensis* (Franch.) Hand.–Mazz.

110. 紫葳科 Bignoniaceae

滇楸	*Catalpa fargesii f. duclouxii* (Dode) Gilmour.
两头毛	*Incarvillea arguta* (Roye) Roye
泡桐	*Paulownia fortunei* (Seem.) Hemsl.

111. 爵床科 Acanthaceae

假杜鹃	*Barleria cristata* L.
山一笼鸡	*Gutzlaffia aprica* Hance
三花枪刀药	*Hypoestes triflora* (Forssk.) Roem.
爵床	*Rostellularia procumbens* (L.) Nees

112. 马鞭草科 Verbenaceae

白叶莸	*Caryopteris forrestii* Diels
臭牡丹	*Clerodendron bungei* Steud.
黄荆	*Vitex negundo* L.

113. 唇形科 Labiatae

九味一枝蒿	*Ajuga bracteosa* Wall.
痢止蒿	*Ajuga forrestii* Diels
紫背金盘	*Ajuga nipponensis* Makino
寸金草	*Clinopodium megalanthum* (Diels) H. W. Li
匍匐风轮菜	*Clinopodium repens* (Don) Wall.
东紫苏	*Elsholtzia bodinieri* Van.
香薷	*Elsholtzia ciliata* (Thunb.) Hyland.
野香草	*Elsholtzia cypriani* C. Y. Wu et S. C. Huang
野苏子	*Elsholtzia flava* (Benth.) Benth.
鸡骨柴	*Elsholtzia fruticosa* (D. Don) Rehd
野把子	*Elsholtzia rugulosa* Hemsl.
广防风	*Epimeredi indica* (L.) Rothm.
白花夏枯草	*Lagopsis supina* (Willd.) Knorring
益母草	*Leonurus japonicus* Thunb.
绣球防风	*Leucas ciliata* Benth

白仗木	*Leucosceptrum canum* Smith
地笋	*Lycopus lucidus* Turcz.
蜜蜂花	*Melissa axillaris* (Benth.) Bakh. F.
姜味草	*Micromeria biflora* (Don) Benth.
鸡脚参	*Orthosiphon wulfenioides* (Diels) Hand.–Mazz.
夏枯草	*Prunella vulgaris* L.
腺花香茶菜	*Rabdosia adenantha* (Diels) Hara
毛萼香茶菜	*Rabdosiaeriocalyx* (Dunn) Hara
淡黄香茶菜	*Rabdosia flavida* (Hand.–Mazz.) Hara
线纹香茶菜	*Rabdosia lophanthoides* (Don) Hara
黄花香茶菜	*Rabdosia sculponeata* (Van.) Hara
长冠鼠尾	*Salvia plectranthoides* Griff.
滇丹参	*Salvia yunnanensis* Wright
滇黄芩	*Scutellaria amoena* Wright

114. 水鳖科 Hydrocharitaceae

黑藻	*Hydrilla verticillata* (L. f.) Rich.
水鳖	*Hydrocharis dubia* (Bl.) Hacker
海菜花	*Ottelia acuminata* (Gagnep.) Dandy
苦草	*Vallisneria natans* (Lour.) Hara

115. 泽泻科 Alismataceae

| 泽泻 | *Alisma plantogo-aquatica* L. |
| 慈姑 | *Sagittaria trifolia* L. var. edulis (Miq.) Ohwi |

116. 眼子菜科 Potamogetonaceae

眼子菜	*Potamogeton distinctus* Benn.
光叶眼子菜	*Potamogeton lecens* L.
竹叶眼子菜	*Potamogeton malaianus* Miq.
浮叶眼子菜	*Potamogeton natans* L.
松毛叶眼子菜	*Potamogeton pectinatus* L.
穿叶眼子菜	*Potamogeton perfoliatus* L.

117. 鸭跖草科 Commelinaceae

鸭跖草	*Commelina communis* L.
竹节草	*Commelina diffusa* Burm. f.
地地藕	*Commelina maculata* Edgew.
露水草	*Cyanotis arachnoides* Clarke

118. 黄眼草科 Xyridaceae

| 莎状黄眼草 | *Xyris capensis* Thunb. |
| 少花黄眼草（葱草） | *Xyris pauciflora* Willd. |

119. 谷精草科 Eriocaulaceae

| 谷精草 | *Eriocaulon buergerianum* Koern. |
| 滇谷精草 | *Eriocaulon schochianum* Hand.–Mazz. |

120. 芭蕉科 Musaceae

| 芭蕉 | *Musa basjoo* Sieb. et Zucc.* |
| 地涌金莲 | *Musella lasiocarpa* (Franch.) C. Y. Wu ex H. W. Li |

121. 姜科 Zingiberaceae

| 姜花 | *Hedychium coronarium* Koen |
| 草果药 | *Hedychium spicatum* Smith |

122. 百合科 Liliaceae

深裂竹根七	*Disporopsis pernyi* (Hua) Diels
距花竹根七	*Disporopsis calcaratum* Don
万寿竹	*Disporopsis cantoniense* (Lour.) Merr.
紫花沿阶草	*Ophiopogon intermedius* Don
卷叶黄精	*Polygonatum cirrhifolium* (Wall.) Roye
竹叶吉祥草	*Reineckia carnea* (Andr.) Kunth
开口箭	*Tupistra chinensis* Baker

123. 假叶树科 Ruscaceae

| 羊齿天门冬 | *Asparagus filicinus* D. Don |

124. 延龄草科 Trilliaceae

| 七叶一枝花 | *Paris polyphylla* Smith |

125. 菝葜科 Smilacaceae

| 刺菝葜 | *Smilax ferox* Kunth. |
| 铁叶菝葜 | *Smilax mairei* Levl. |

126. 天南星科 Araceae

魔芋	*Amorphophallus rivieri* Durieu
一把伞南星	*Arisaema erubescens* (Wall.) Schott
象头花	*Arisaema franchetianum* Engl.

127. 石蒜科 Amaryllidaceae

| 龙爪花（忽地笑） | *Lycoris aurea* (L. Herit.) Herb. |

128. 薯蓣科 Dioscoreaceae

| 粘薯蓣 | *Dioscorea hemsleyi* Prain et Burk |

| 高山薯蓣 | *Dioscorea kamoonensis* Kunth |
| 黑珠芽薯蓣 | *Dioscorea melanophyma* Prain et Burk |

129. 棕榈科 Palmae

| 棕榈 | *Trachycarpus fortunei* (Hook. f.) H. Wendl. |

130. 仙茅科 Hypoxidaceae

| 小金梅草 | *Hypoxis aurea* Lour. |

131. 兰科 Orchidaceae

白及	*Bletilla striata* (Thunb.) Rehd.f.
叉唇虾脊兰	*Calanthe hancockii* Rolfe
朵朵香	*Cymbidium goeringii* (Reichb.f.) Reichb. F.

132. 灯心草科 Juncaceae

小灯心草	*Juncus bufonius* L.
雅灯心草	*Juncus concinnus* D. Don
灯心草	*Juncus effusus* L.
江南灯心草	*Juncus leschenaultii* Gay
野灯心草（秧草）	*Juncus setchuensis* Buch.
多花地杨梅	*Luzula multiflora* (Retz.) Lejeune

133. 莎草科 Cyperaceae

丝叶球柱草	*Bulbostylis densa* (Wall.) hand.-Mazz.
红果苔草	*Carex baccans* Nees
发秆苔草	*Carex capillacea* Boott
蕨状苔草	*Carex filicina* Nees
毛果苔草	*Carex hebecarpa* Meyer
异穗莎草	*Cyperus difformis* L.
云南莎草	*Cyperus duclouxii* Camus
哇畔莎草	*Cyperus haspan* L.
碎米莎草	*Cyperus iria* L.
香附子	*Cyperus rotundus* L.
紫果蔺	*Eleocharis atropurpurea* (Retz.) Presl
荸荠	*Eleocharis dulcis* (Burm.f.) Henschel
针蔺	*Eleocharis valleculosa* Ohwi
牛毛毡	*Eleocharis yokoscensis* (Franch. et Sav.) Tang et Wang
丛毛羊胡子草	*Eriophorum comosum* Nees ex Wight
水蜈蚣	*Kyllinga brevifolia* Rottb.
砖子苗	*Mariscus sumatrensis* (Retz.) Koyama

红鳞扁莎	*Pycreus sanguinolentus* (Vahl.) Nees
百球三棱	*Scirpus rosthornii* Diels
水毛花（三棱席草）	*Scirpus triangulatus* Roxb.
水葱（席草）	*Scirpus tabernaemontani* Gmel

134. 禾本科 Poaceae

134-1. 竹亚科 Bambusoideae

绵竹	*Bambusa intermedia* Hsueh et Yi
牡竹	*Dendrocalamus farinosus* (Keng et Keng f.) Chia et H. L. Fung
小金竹	*Phyllostachys meyeri* McClure
苦竹	*Pleioblastus amarus* (Keng) Keng f.
慈竹	*Sinocalamus affinis* (Rendle) McClure
箭竹	*Sinarundinaria nitida* (Mitf.) Nakai
山竹	*Yushania polytricha* Hsueh et Yi

134-2. 禾亚科 Poideae

锡金黄花草	*Anthoxanthum hookeri* (Griseb.) Rendl.
尽草	*Arthraxon hispidus* (Thunb.) Makino
刺芒野古草	*Arundinella setosa* Trin.
罔草	*Beckmania syzigachne* (Steud.) Fernald
散穗野青茅	*Calamagrostis diffusa* Rendle
硬秆子草	*Capillipedium assimile* (Steud.) Camus
细柄草	*Capillipedium parviflorum* (Br.) Stapf
虎尾草	*Chloris virgata* Sw.
芸香草	*Cymbopogon distans* (Nees) Camus
狗牙根	*Cynodon dactylon* (L.) Pers.
双花草	*Dichanthium annulatum* (Forsk.) Stapf
马唐	*Digitaria chinensis* Hornem
稗子	*Echinochloa crusgalli* (L.) Beauv.
蟋蟀草	*Elusine indica* (L.) Gaertn
知风草	*Eragrostis ferruginea* (Thunb.) Beauv.
黑穗画眉草	*Eragrostis nigra* Nees ex Steud.
画眉草	*Eragrostis pilosa* (L.) Beauv.
马鹿草	*Eremochloa zeylanica* Hack.
旱茅	*Eremopogon delavayi* (Hack.) Camus
蔗茅	*Erianthus rufipilus* (Steud.) Griseb.
白健秆	*Eulalia pallens* (Hack.) O. Kuntze

四脉金茅	*Eulalia quadrinervis* (Hack.) O. Kuntze
龙须草	*Eulaliopsis binata* (Retz) Hubbard
镰稃草	*Harapachne harpachnoides* (Hack.) Keng
扭黄茅	*Heteropogon contortus* (L.) Beauv.
白茅	*Imperata cylindrica* (L.) Beauv.
六蕊稻草	*Leersia hexandra* Swartz
刚莠竹	*Microstegium ciliatum* (Trin.) A. Camus
稻	*Oryza sativa* L.*
双穗雀稗	*Paspalum distichum* L.
白草	*Pennisetum flaccidum* Griseb.
芦苇	*Phragmites communis* Trin.
早熟禾	*Poa annua* L.
棒头草	*Polypogon fugax* Nees ex Steud.
鹅冠草	*Roegneria kamoji* Ohwi
甜根子草	*Saccharum spontaneum* L.
狗尾草	*Setaria viridis* (L.) Beauv.
分枝大油芒	*Spodiopogon ramosus* Keng
鼠尾粟	*Sporobolus indicus* (L.) R. Br.
黄背草	*Themeda triandra* Forsk. var. *japonica* (Willd.) Makino
菅草	*Themeda gigantea* (Cav.) Hack.
玉米	*Zea mays* L.*
茭白	*Zizania cadaciflora* (Turcz.) Hand.–Mazz.

注：带 * 的为人工栽培植被

第四章 植 被

第一节 植被类型及其特征

海峰自然保护区的植被类型有湿润常绿阔叶林（天坑内）、半湿润常绿阔叶林、硬叶常绿阔叶林、落叶阔叶林、暖温性针叶林、灌丛、沼泽和水生植被8种植被类型。这些植被类型的种类组成和群落特征如下。

一、湿润常绿阔叶林

海峰自然保护区的湿润常绿阔叶林是特殊地形条件下的产物，主要分布在石仁村的大竹箐、小竹箐等地，海拔1980~2400m。在这一带，有数个大小不等、深度各异的天坑，天坑内由于风小，湿度大，光照偏弱等原因，生长着以樟科、木兰科植物为主的植被类型。该植被类型的群落高度在15~20m之间，覆盖度100%，分乔木层、灌木层、草本层和地被层四个层次。乔木层的主要种类有木莲 *Manglietia fordiana*、少花桂 *Cinnamomum pauciflorum*、毛黑壳楠 *Lindera megaphylla f. trichoclade*、长梗润楠 *Machilus longipedicellata*、竹叶楠 *Phoebe faberi*、白楠 *Phoebe neurantha*、八角枫 *Alangium chinensis* 等，乔木层中最大胸径达80~90cm，一般的胸径在20~30cm范围。灌木层的主要种类有柄果海桐 *Pittosporum podocarpum*、白背鹅掌柴 *Schefflera hypochlorum*、梁王茶 *Nothopanax delavayi*、叶上花 *Helwingia japonica*、朱砂根 *Ardisia crenata*、五味子 *Kadsura longipedunculata*、翼梗五味子 *Schisandra henryi*、五香血藤 *Schisandra propingqua*、五月瓜藤 *Holboellia fargesii*、南蛇藤 *Celastrus angulatus*、葡茎珍珠莲 *Ficus sarmentosa* 等。草本层的主要种类有溪边凤尾蕨 *Pteris excelsa*、普通凤了蕨 *Coniogramme intermedia*、浅裂短肠蕨 *Allantodia lobulosa*、深绿短肠蕨 *Allantodia viridissima*、峨眉钩毛蕨 *Cyclogramma omeiensis*、披针新月蕨 *Pronephrium penangianum*、单芽狗脊蕨 *Woodwardia unigemmata*、刺齿贯众 *Cyrtomium caryotideum*、狭鳞鳞毛蕨 *Dryopteris stenolepis*、对生耳蕨 *Polystichum deltodon*、峨眉耳蕨 *Polystichum omeiense*、猫儿刺耳蕨 *Polystichum stimulans*、滇鳞果星蕨 *Lepidomicrosorium hymenodes*、膜叶星蕨 *Microsorum membranceum*、扇蕨 *Neocheiropteris palmatopedata*、盾蕨 *Neolepisorus ovatus*、红果苔草 *Carex baccans*

Nees 和分枝大油芒 *Spodiopogon ramosus* 等。

二、半湿润常绿阔叶林

半湿润常绿阔叶林是海峰自然保护区的地带性植被，主要分布于河尾和菱角等地。根据群落的优势种类组成，海峰自然保护区的半湿润常绿阔叶林可分为以下两个群系。

（一）滇青冈林 (Form. *Cyclobalanopsis glaucoides*)

滇青冈林分布于河尾沟谷两侧，水湿条件较好的地段，海拔 2000~2300m。该群系主要由滇青冈、滇石栎、滇油杉林等构成。其乔木层的优势种类以滇青冈 *Cyclobalanopsis glaucoides*、滇油杉 *Keteleeria evelyniana* 为主，在局部地段，如龙滩周围等，则以云南樟 *Cinnamomum glanduliferum*、红果树 *Lindera communis*、菱叶钓樟 *Lindera supracostata*、长梗润楠 *Machilus longipedicellata*、滇润楠 *Machilus yunnanensis* 或光叶槭 *Acer laevigatum* Wall. 等为优势种类。灌木层的种类以西域旌节花 *Stachyurus himalaycus*、西南栒子 *Cotoneaster franchetii*、小叶栒子 *Cotoneaster microphyllus*、白牛筋 *Dichotomanthus tristaniaecarpa*、球花石楠 *Photinia glomerata*、青刺尖 *Prinsepia utilis*、火棘 *Pyracantha fortuneana*、棠梨刺 *Pyrus pashia*、常绿蔷薇 *Rosa longicuspis* 和大花蔷薇 *Rosa odorata* var. *gigantea* 等为常见种类。草木层的种类以方秆蕨 *Glaphylopteridopsis erubescens*、毛足铁线蕨 *Adiantum bonatianum*、单芽狗脊蕨 *Woodwardia unigemmata*、膜叶星蕨 *Microsorum membranceum*、扇蕨 *Neocheiropteris palmatopedata*、盾蕨 *Neolepisorus ovatus*、珠光香清 *Anaphalis margaritacea*、三脉山白菊 *Aster ageratoides*、天名精 *Carpesium abrotanoides*、异叶泽兰 *Eupatorium heterophyllum*、紫茎泽兰 *Eupatorium adenophorum*、小黑药 *Inula nervosa*、尼泊尔千星菊 *Myriactis nepalensis*、千里光 *Senecio scandens*、蜜蜂花 *Melissa axillaris*、红果苔草 *Carex baccans*、蕨状苔草 *Carex filicina*、毛果苔草 *Carex hebecarpa* 和刚莠竹 *Microstegium ciliatum* 等为主。群落高度多在 12~16m 之间，覆盖度 80%~90%，树干分枝矮，树皮粗糙，层间植物少，仅有鳞轴小膜盖蕨 *Araiostegia perdurans*、扭瓦韦 *Lepisorus contortus*、友水龙骨 *Polypodiodes amoena* 和豆瓣绿 *Piperomia tetraphylla* 等附生。

（二）元江栲林 (Form. *Castanopsis orthacantha*)

海峰自然保护区的元江栲林主要分布于菱角乡稻堆等地，生境以砂岩为主，土层较厚，海拔 2100~2340m，水湿条件较好。该群系由元江栲、滇石栎群落组成。元江栲、滇石栎群落的乔木层的优势种类以元江栲 *Castanopsis orthacantha*、滇石栎 *Lithocarpus dealbatus* 为主，混生少量银木荷 *Schima argentea*、云南泡花树 *Meliosma yunnanensis*、云南山香园 *Turpinia yunnanensis* 和灯台树 *Cornus controversa* 等常绿树种，在林缘山箐也有野核桃 *Juglans cathayensis*、珊瑚冬青 *Ilex corallina*、大果冬青 *Ilex macrocarpa* 和羊脆骨 *Schoepfia jasminodora* 等落叶树种混生。灌木层的种类以丽江桉 *Eurya handel-mazzetii*、细齿桉 *Eurya nitida*、厚皮香 *Ternstroemia gymnanthera*、乌饭树 *Vaccinium bracteatum*、米饭花 *Vaccinium sprengelii*、南蛇藤 *Celastrus angulatus*、刺菝葜 *Smilax ferox* 等为主。草木层的种类以疏叶蹄盖蕨 *Athyrium dissitifolium*、针状软刺蹄盖蕨 *Athyrium strigillosum*、西南假毛蕨 *Pseudocyclosorus esquirolii*、密毛紫柄蕨 *Pseudophegopteris pyrrhorachis*、滇红腺蕨 *Diacalpe aspidioides*、四回毛枝蕨 *Leptorumohra quadripinnata*、鸡足山耳蕨 *Polystichum jizhushanense*、叶下花 *Ainsliaea pertyoides* 和云南兔儿风 *Ainsliaea yunnanensis* 等为主。群落高度在 15~20m 之间，盖度 85%~90%，树干分枝较高，树皮粗糙，层间植物较少，仅有鳞轴小膜盖蕨 *Araiostegia perdurans* 和苔藓植物等附生。

三、硬叶常绿阔叶林

硬叶常绿阔叶林是温暖干旱气候条件下的植被类型，在云南的金沙江和澜沧江流域河谷两岸常见。海峰自然保护区所处的地理位置属金沙江流域，因此，硬叶常绿阔叶林在海峰自然保护区范围内也较常见。

海峰自然保护区的硬叶常绿阔叶林主要由黄背栎群系和光叶高山栎群系两个群系组成。

（一）黄背栎群系 (Form. *Quercus pannosa*)

海峰自然保护区的川滇高山栎群系主要分布于海峰至天坑群的石灰岩山地，海拔 2100~2400m，由于立地条件较差，群落高度仅在 3~5m 之间。乔木层的优势种类以黄背栎 *Quercus pannosa* 为主，树干弯曲，分枝多，混生刺柏 *Juniperus formosana*、滇青冈 *Cyclobalanopsis glaucoides*、云南柞栎 *Quercus dentata var. oxyloba*、锥连栎 *Quercus franchetii* 和黄连木 *Pistacia chinensis* 等其他树种。灌木层的种类以小梾木 *Cornus paucinervis*、球花石楠 *Photinia glomerata*、带叶石楠 *Photinia loriformis*、清香木 *Pistacia weinmannifolia* 等为主。草木层的种类以垫状卷柏 *Selaginella pulvinata*、圆枝卷柏 *Selaginella sanguinolenta*、红花龙胆 *Gentiana rhodantha*、臭灵丹 *Laggera alata*、黄背草 *Themeda triandra* var. *japonica*、旱茅 *Eremopogon delavayi*、扭黄茅 *Heteropogon contortus* 和白茅 *Imperata cylindrica* 等。

（二）光叶高山栎群系 *(Form. Quercus rehderiana)*

海峰自然保护区的光叶高山栎群系主要分布于红寨、河尾交界的大黑山两侧，海拔 2100~2400m。乔木层的种类有光叶高山栎 *Quercus rehderiana*、灰背栎 *Quercus senescens*、栓皮栎 *Quercus variabilis* 和云南松 *Pinus yunnanensis* 等。灌木层的种类有光叶石栎 *Lithocarpus mairei*、卵叶南烛 *Lyonia ovalifolia*、马醉木 *Pieris formosa*、大白花杜鹃 *Rhododendron decorum*、炮仗花杜鹃 *Rhododendron spinuliferum* 和矮杨梅 *Myrica nana* 等。草木层的种类有毛蕨菜 *Pteridium revolutum*、蔗茅 *Erianthus rufipilus*、东紫苏 *Elsholtzia bodinieri* 等。群落高度在 5~8m 之间，覆盖度 60%-

70%，树干分枝较低，树皮粗糙，层间植物几乎不存在。

四、落叶阔叶林

海峰自然保护区的落叶阔叶林仅有旱冬瓜林 (Form. *Alnus nepalensis*) 一个群系。

在海峰自然保护区 1800~2200m 的海拔之间，旱冬瓜林广泛分布，它是常绿阔叶林被破坏后出现的次生植被类型。该类森林的群落结构层次分明，有分乔木层、灌木层、草本层和地被层四个层次。乔木层以旱冬瓜 *Alnus nepalensis* 为主，间有红叶木姜子 *Litsea rubescens*、滇石栎 *Lithocarpus dealbatus*、水红木 *Viburnum cylindricum* 等幼树混生，群落高度在 10~15m 之间，种类简单，林冠稀疏，冬天落叶，季相变化明显，林内树皮粗糙。灌木层有盐肤木 *Rhus chinensis*、马桑 *Coriaria sinica*、西南栒子 *Cotoneaster franchetii*、白牛筋 *Dichotomanthus tristaniaecarpa*、青刺尖 *Prinsepia utilis*、窄叶火把果 *Pyracantha angustifolia*、火棘 *Pyracantha fortuneana*、棠梨刺 *Pyrus pashia*、常绿蔷薇 *Rosa longicuspis*、大花蔷薇 *Rosa odorata var. gigantea*、黄泡 *Rubus ellipticus* 和鸡骨柴 *Elsholtzia fruticosa* 等种类。草本层的种类有毛蕨菜 *Pteridium revolutum*、凤尾蕨 *Pteris nervosa*、半育鳞毛蕨 *Dryopteris sublacera*、星毛繁缕 *Stellaria vestita*、白泡 *Fragaria nilgerrensis*、水杨梅 *Geum japonicum*、翻白叶 *Potentilla fulgens*、长柔毛委陵菜 *Potentilla griffithii*、紫茎泽兰 *Eupatorium adenophorum*、红果苔草 *Carex baccans* 等。地被层有苔藓、地衣类植物出现。木质藤本植物较多，有多花钩儿茶 *Berchemia floribunda*、翼梗五味子 *Schisandra henryi* 和云南清风藤 *Sabia yunnanensis* 等种类。附生植物多为扭瓦韦 *Lepisorus contortus* 等蕨类种类。

五、暖温性针叶林

海峰自然保护区的暖温性针叶林有云南松林、滇油杉林和黄杉林 3 个群系。

（一）云南松林 (Form. *Pinus yunnanensis*)

云南松林在海峰自然保护区 1800~2400m 的海拔范围内广泛分布，它是亚热带常绿阔叶林被破坏后出现的次生植被类型。该类森林的群落结构层次分明，分乔木层、灌木层、草本层三层。乔木层以云南松 *Pinus yunnanensis* 为主，混生少量华山松 *Pinus armandii*、滇油杉 *Keteleeria evelyniana*、麻栎 *Quercus acutissima*、云南柞栎 *Quercus dentata var. oxyloba*、栓皮栎 *Quercus variabilis*、响叶杨 *Populus davidiana* 和旱冬瓜 *Alnus nepalensis* 等树种，群落高在 15~20m 左右，树干通直，树皮褐红色，呈鳞片状，树冠呈伞形，分枝高，外貌终年常绿，季相变化不明显。灌木层有卵叶南烛 *Lyonia ovalifolia*、马醉木 *Pieris formosa*、大白花杜鹃 *Rhododendron decorum*、碎米花杜鹃 *Rhododendron speciferum*、老鸦炮 *Vaccinium fragile* 和野把子 *Elsholtzia rugulosa* 等种类，高在 1~3m 之间。草本层的主要种类有毛蕨菜 *Pteridium* revolutum、紫柄假瘤蕨 *Phymatopteris crenato-pinnata*、三出假瘤蕨 *Phymatopteris trisecta*、锡金黄花草 *Anthoxanthum hookeri*、荩草 *Arthraxon hispidus*、刺芒野古草 *Arundinella setosa*、硬秆子草 *Capillipedium assimile*、马鹿草 *Eremochloa zeylanica*、旱茅 *Eremopogon delavayi*、蔗茅 *Erianthus rufipilus*、白健秆 *Eulalia pallens*、四脉金茅 *Eulalia quadrinervis*、扭黄茅 *Heteropogon contortus*、白茅 *Imperata cylindrica* 和黄背草 *Themeda triandra var. japonica* 等种类。藤本植物极少，附生植物不存在。

（二）滇油杉林 (Form. *Keteleeria evelyniana*)

滇油杉林主要分布在法土的大皮坡和石仁的小竹箐等地，海拔 1900~2100m，它是半湿润常绿阔叶林中的混生树种，由于当地群众把它列为不准砍伐的树种之一而得以保存。该类森林的群落结构层次分明，分乔木层、灌木层、草本层三层。乔木层以滇油杉 *Keteleeria evelyniana* 为主，混生少量云南松 *Pinus yunnanensis*、华山松 *Pinus armandii*、槲栎 *Quercus aliena*、栓皮栎 *Quercus variabilis* 和旱冬瓜 *Alnus nepalensis* 等树种，群落高在 8~12m 之间，树皮粗糙，分枝较矮，外貌终年常绿，季相变化不明显。灌木层有白牛胆 *Inula cappa*、白牛筋 *Dichotomanthus tristaniaecarpa*、炮仗花杜鹃 *Rhododendron spinuliferum*、羊奶果 *Elaeagnus umbellata*、薄叶鼠李 *Rhamnus leptophyllus*、滇榛 *Corylus yunnanensis* 和野把子 *Elsholtzia rugulosa* 等种类。草本层的主要种类有毛蕨菜 *Pteridium revolutum*、野棉花 *Anemone vitifolia*、紫花沿阶草 *Ophiopogon intermedius*、山土瓜 *Merremia hungaiensis*、钩苞大丁草 *Gerbera delavayi*、毛灯草 *Gerbera piloselloides*、旱茅 *Eremopogon delavayi*、蔗茅 *Erianthus rufipilus*、白健秆 *Eulalia pallens*、白茅 *Imperata cylindrica* 等种类。藤本植物只有小木通 *Clematis armandii* 等极少数种类，附生植物不存在。

（三）黄杉林 (Form. *Pseudotsuga sinensis*)

黄杉林在海峰自然保护区仅分布于菱角乡稻堆的黑泥沟和块所的营上两处，海拔范围 2000~2140m。乔木层以黄杉 *Pseudotsuga sinensis* 为主，但有较多的云南松 *Pinus yunnanensis*、滇油杉 *Keteleeria evelyniana*、云南鹅耳枥 *Carpinus monbeigiana* 和旱冬瓜 *Alnus nepalensis* 等树种混生。群落高在 15~20m 之间，树干通直，树冠呈伞形，分枝高，外貌终年常绿，季相变化不明显。灌木层有水红木 *Viburnum cylindricum*、臭夹迷 *Viburnum foetidum*、白牛筋 *Dichotomanthus tristaniaecarpa*、炮仗花杜鹃 *Rhododendron spinuliferum*、滇榛 *Corylus yunnanensis*、卵叶南烛 *Lyonia ovalifolia* 和马醉木 *Pieris formosa* 等。草本层的主要种类有毛蕨菜 *Pteridium revolutum*、心叶兔儿风 *Ainsliaea bonatii*、粘毛香清 *Anaphalis bulleyana*、翼茎香清 *Anaphalis pterocaula*、牡蒿 *Artemisia japonica*、三脉山白菊 *Aster ageratoides*、山地紫菀 *Aster oreophilus*、白酒草 *Conyza japonica*、小黑药 *Inula nervosa* 和四脉金茅 *Eulalia quadrinervis* 等。藤本植物和附生植物几乎不存在。

六、灌丛

海峰自然保护区的灌丛属于暖性石灰岩灌丛，有小铁仔灌丛 (Form. *Myrsine africana*) 一个群系。

小铁仔灌丛分布于海峰自然保护区范围内的石灰岩山坡上，海拔 2000~2140m，群落无乔木层，灌木层高 2~5m，种类丰富，以小铁仔 *Myrsine africana*、小栗木 *Cornus paucinervis*、带叶石楠 *Photinia loriformis*、清香木 *Pistacia weinmannifolia*、雀梅藤 *Sageretia thea*、蓝果荚迷 *Viburnum atrocyaneum*、密花荚迷 *Viburnum congestum*、木本素馨 *Jasminum seguini*、小叶女贞 *Ligustrum quihoui*、常绿假丁香 *Ligustrum sempervirens*、窄叶火把果 *Pyracantha angustifolia* 和土沉香 *Excoecaria acerifolia* 等为主。草本层的种类有垫状卷柏 *Selaginella pulvinata*、圆枝卷柏 *Selaginella sanguinolenta*、凤尾蕨 *Pteris nervosa*、蜈蚣蕨 *Pteris vittata*、裸叶粉背蕨 *Aleuritopteris duclouxii*、棕毛粉背蕨 *Aleuritopteris rufa*、滇丹参 *Salvia yunnanensis*、牛耳草 *Corallodiscus flabellatus*、石蝴蝶 *Petrocosmea duclouxii* 和云南紫草 *Lithospermum hancockiana* 等为主。藤本植物有五香血藤 *Schisandra propingqua* 等种类，附生植物不存在。

七、沼泽植被

海峰自然保护区的沼泽植被群落中无木本植物，全为草本种类。在草本植物中，又无旱生和中生种类而全为湿生种类。组成沼泽植被的植物种类以莎草科 *Cyperaceae*、灯心草科 *Juncaceae*、谷精草科 *Eriocaulaceae* 和黄眼草科 *Xyridaceae* 等种类为主，如丝叶球柱草 *Bulbostylis densa*、异穗莎草 *Cyperus difformis*、云南莎草 *Cyperus duclouxii*、哇畔莎草 *Cyperus haspan*、紫果蔺 *Eleocharis atropurpurea*、荸荠 *Eleocharis dulcis*、针蔺 *Eleocharis valleculosa*、牛毛毡 *Eleocharis yokoscensis*、水蜈蚣 *Kyllinga brevifolia*、红鳞扁莎 *Pycreus sanguinolentus*、百球三棱 *Scirpus rosthornii*、小灯心草 *Juncus bufonius*、雅灯心草 *Juncus concinnus*、灯心草（秧草）*Juncus effusus*、江南灯心草 *Juncus leschenaultii*、野灯心草 *Juncus setchuensis*、多花地杨梅 *Luzula multiflora*、谷精草 *Eriocaulon buergerianum*、滇谷精草 *Eriocaulon schochianum*、莎状黄眼草 *Xyris capensis* 和少花黄眼草（葱草）*Xyris pauciflora* 等。种类多样，但生态类型单一。其生境的土壤含水量高，生境终年潮湿，植物根部浸渍在水里或潮湿的泥土里，上部暴露在空气中。群落的季相变化明显，冬、春一片枯黄，夏天一片碧绿，秋天因开花结果而色彩斑斓。

八、水生植被

海峰自然保护区的水生植被属高原湖泊水生植被，主要包括挺水植物群落、浮叶扎根植物群落和沉水植物群落 3 个类型。

（一）挺水植物群落

海峰自然保护区的挺水植物群落以水葱群落 *(Form. Scirpus tabernaemontani)* 为主，常见种类有水葱（席草）*Scirpus tabernaemontani*、水毛花（三棱席草）*Scirpus triangulatus*、泽泻 *Alisma plantogo-aquatica*、慈姑 *Sagittaria trifolia* L. var. *edulis* 等。

（二）浮叶扎根植物群落

海峰自然保护区的浮叶植物群落以杏菜群落 (Form. *Nymphoides peltatum*) 为主，常见种类有杏菜 *Nymphoides peltatum* 等。

（三）沉水植物群落

海峰自然保护区的沉水植物群落有海菜花群落、光叶眼子菜群落和狐尾藻群落等。多形成单优势种群。

海菜花群落 (Form. *Ottelia acuminata*) 的种类以海菜花 *Ottelia acuminata* 占优势。

光叶眼子菜群落 (Form. *Potamogeton lecens*) 的种类以光叶眼子菜 *Potamogeton lecens* 为主，也有竹叶眼子菜 *Potamogeton malaianus*、穿叶眼子菜 *Potamogeton perfoliatus* 等种类混生。

狐尾藻群落 (Form. *Myriophyllum spicatum*) 以狐尾藻 *Myriophyllum spicatum* 为主，混生较多的其他种类，如黑藻 *Hydrilla verticillata*、石龙尾 *Limnophila sessiliflora*、金鱼藻 *Ceratophyllum demersum* 等。

第二节　保护区植被类型面积

海峰省级自然保护区属于东亚植物区，中国—喜马拉雅森林植物亚区，云南高原地区、滇中高原亚地区。根据野外考察的结果，该地区的植物区系由 159 科，413 属，774 种植物组成。其中，蕨类植物 25 科，54 属，82 种；种子植物 134 科，355 属，692 种。按照《中国植被》和《云南植被》植被分类的原则和系统，云南沾益海峰省级自然保护区的植被型有常绿阔叶林、硬叶常绿阔叶林、落叶阔叶林、暖性针叶林、灌丛、草甸和湖泊水生植被 7 种植被型。保护区各植被型分布情况见表 4-1。

表 4-1 海峰自然保护区各植被类型面积统计表　　单位：hm²、%

植被型	面积	百分比
合计	20517.9	100.00
常绿阔叶林	773.7	3.77
硬叶常绿阔叶林	372.3	1.81
落叶阔叶林	133.1	0.65
暖性针叶林	16237.0	79.14
灌丛	2495.9	12.16
草甸	396.1	1.93
湖泊水生植被	109.8	0.54

第五章　天坑森林

　　保护区内有多处溶洞、地下河、落水洞及竖井状、漏斗状天坑等地下喀斯特地貌，特别是大型天坑内，因其特殊的生境条件而形成特殊的植物群落——天坑森林，成为滇中、滇东地区特殊的森林类型。天坑森林分布之集中、面积之大、深度之深是省内独有的，在国内外实属罕见。

　　天坑是保护区内一种造型奇特的地下地貌，仅在大竹箐附近山地上就有大小不等、深浅不一的十余处，集中成群分布，大多天坑的内壁直立如同竖井或漏斗状。Ⅴ号天坑底部面积最大，为 2.2hm²，最小为Ⅳ号天坑 0.48hm²，最深者为Ⅰ号天坑 184m，最浅的Ⅳ号天坑也超过 70m。更为罕见的是，Ⅰ～Ⅴ号天坑底部都保存着完整或较完整的森林，根据考察资料分析，这些天坑森林有的属于滇东、滇中地区首次出现的特殊类型，是我省乃至全国极为珍贵的景观资源。保护区在复杂的自然环境和岩石构造等条件的影响下，形成一块非常独特的地貌结构组合，也保存有一些其它地区少见的地貌形态和特征，在这些特殊的生境空间里，形成了特殊的植物群落——天坑森林。

　　保护区内分布较集中的大型竖井型、漏斗型塌陷天坑有十多处，未被任何破坏的就有三处，三者相距在 500~700m 之间。Ⅰ号天坑（大毛寺）面积为 0.85hm²，坑顶海拔 2120m，最深处 184m，平均深 152m；Ⅱ号天坑（中毛寺）面积为 0.54hm²，坑顶海拔 2100m，最深处 133m，平均深 108m；Ⅲ号天坑（小毛寺）面积为 0.51hm²，坑顶海拔 2080m，最深处 78m，平均深 54m。这些天坑群分布之集中、面积之大、深度之深，都是省内独一无二的。其底部都形成森林，是全国所罕见的，具有独特的保护价值。

　　由于天坑较深，底部处于封闭状态，总体上表现出较地面更为湿润、风小、光照偏弱、夏温低、冬温高的生境特征，植物覆盖度达到 100%，层次结构复杂，乔灌草地被物皆备，食物链和营养链自成体系。根据初步考察，鉴定的维管束植物有 48 科、70 属、79 种。其中乔木层以樟科、木兰科等为主，高度在 15 ~ 20m 之间，平均直径 20 ~ 30cm，最大胸径达 80 ~ 90cm。灌木和草本种类繁多。由于天坑森林发育于特殊的地貌形态下，因其特殊的生境条件而形成特殊的植物群落，这种群落属于湿润常绿阔叶林，它与该区地带性半湿润常绿阔叶林有很大的差异，因而，天坑群及其底部的森林都属不可多得的自然遗产，有很高的生态学、遗传学、生物学、地质学、气象学、水文学等多学科的科研科考价值。

第一节　天坑森林的形成及特征

　　研究天坑森林首先必须认识形成天坑森林的特殊生存环境——天坑。天坑是在特殊地质条件下因地下河塌陷或洞穴塌陷而成的溶斗，深度较深，呈竖井状、漏斗状或断陷盆地型的特殊喀斯特地下地貌。天坑森林是在特殊生境（如天坑、深陷的岩缝等封闭环境）经过长期的演替所形成的一种以乔木为主体的生物群落。该地区有十几个天坑集中分布成天坑群。其中5个天坑有较完整的植被存在。未遭受任何破坏的就有三处，按考察编号为Ⅰ、Ⅱ、Ⅲ号天坑，而Ⅳ、Ⅴ号天坑下的天坑森林遭受了不同程度的破坏。主要天坑内森林形态特征见表5-1。

表5-1 主要天坑内森林形态特征表

天坑号	面积（hm²）	坑顶海拔（m）	深度（m）		类型		主要植物种类						总盖度
			平均	最深	植被类型	天坑类型	乔木		灌木		草本		
							种类	覆盖度	种类	覆盖度	种类	覆盖度	
Ⅰ	0.85	2120	152	184	湿润常绿阔叶林	深竖井状	八角枫 棕桐 木莲	55	白背鹅掌柴 朱砂根 梁王茶	30	披针新月蕨 溪边凤尾蕨	95	100
Ⅱ	0.54	2100	108	133	半湿润常绿阔叶林	深漏斗型	滇润楠 楠木	70					90
Ⅲ	0.51	2080	54	78	湿润常绿阔叶林	深竖井状	毛榆 长梗润楠 木莲	70	葡茎珍珠莲 朱砂根 五香血藤 叶上花	60	珍珠莲 深绿短肠蕨	40	100
Ⅳ	0.48	2400	31	72	半湿润常绿阔叶林	深漏斗型	大果冬青 滇青冈 黑壳楠	20	清香桂 清香木	40	对马耳蕨 岩爬藤 胶股蓝 豆瓣绿		80
Ⅴ	2.20	1980	62	86	半湿润常绿阔叶林	断陷盆地型	鸡嗦子果 华山松 云南松	60	清香木 蓝果夹迷	40	毛蕨菜 红果苔草		60

从上表看出，Ⅰ、Ⅲ号天坑的森林是滇中、滇东地区独有的特殊植被类型，即湿性常绿阔叶林，两者特有的植物群落都是处于封闭式的竖井状天坑底部，有天然屏障的庇护，人类和其他动物几乎无法涉足。因此，在漫长的历史演化过程中，天坑下的物种为适应潮湿、弱光照条件，形成了以木兰科和樟科为主的耐荫性植物群落，总覆盖度都达到100%。而Ⅱ、Ⅳ号天坑下的植物种类，是处于漏斗状底部或壁上，它们更容易吸收到较多的阳光，从而形成以滇中地区壳斗科为主的植物群落。Ⅴ号天坑较大，有人类活动烙印，部分坑底已开垦为农地，其气候特征与地表基本一致，主要植物种类中出现了次生云南松林。Ⅱ、Ⅳ、Ⅴ号天坑的森林类型较滇中地区接近，不在详细论述。下文重点探讨Ⅰ、Ⅲ号天坑内的湿润性常绿阔叶林植物群落的有关特点。

第二节　天坑内植物群落特点

天坑内具有植物种类丰富、植被类型特殊、区系成分异常、生态梯度异变、林层结构完整等特点。

一、植物种类丰富

海峰自然保护区天坑群中的植物种类极为丰富。据不完全统计，Ⅰ号天坑内在 0.85hm² 面积内共有维管植物36科，52属，59种。具体种类为疏叶卷柏 *Selaginella remotifolia*、长托鳞盖蕨 *Microlepia firma*、溪边凤尾蕨 *Pteris excelsa*、半边凤尾蕨 *Pteris semipinnata*、普通凤了蕨 *Coniogramme intermedia*、深绿短肠蕨 *Allantodia viridissima*、披针新月蕨 *Pronephrium penangianum*、刺齿贯众 *Cyrtomium caryotideum*、贯众 *Cyrtomium fortunei*、对生耳蕨 *Polystichum deltodon*、峨眉耳蕨 *Polystichum omeiense*、猫儿刺耳蕨 *Polystichum stimulans*、矩圆叶滇线蕨 *Colysis henryi*、滇鳞果星蕨 *Lepidomicrosorium hymenodes*、膜叶星蕨 *Microsorum membranceum*、盾蕨 *Neolepisorus ovatus*、南五味子 *Kadsura longipedunculata*、五香血藤 *Schisandra propingqua*、白楠 *Phoebe neurantha*、小木通 *Clematis armandii*、金钩如意草 *Corydalis taliensis*、三块瓦 *Oxalis griffithii*、柄果海桐 *Pittosporum podocarpum*、倒卵叶枇杷 *Eriobotrya obovata*、鸡脚泡 *Rubus delavayi*、红毛悬钩子 *Rubus pinfaensis*、西域旌节花 *Stachyurus himalaycus*、清香桂 *Sarcococca ruscifolia*、葡茎珍珠莲 *Ficus sarmentosa*、水麻柳 *Debregeasia edulis*、钝叶楼梯草 *Elatostema obtusum*、大叶冷水花 *Pilea martinii*、南蛇藤 *Celastrus angulatus*、扶芳藤 *Evonymus fortunei*、三叶爬山虎 *Parthenocissus himalayana*、白背崖爬藤 *Tetrastigma hypoglaucum*、叶上花 *Helwingia japonica*、八角枫 *Alangium chinensis*、梁王茶 *Nothopanax delavayi*、白背鹅掌柴 *Schefflera hypochlorum*、朱砂根 *Ardisia crenata*、

密花树 *Rapanea yunnanensis*、密蒙花 *Buddleja officinalis*、贵州络石 *Trachelospermum bodinieri*、乳儿绳 *Trachelospermum cathayanum*、飞仙藤 *Periploca forrestii*、鸡屎藤 *Paederia scandens*、光茎茜草 *Rubia leiocaulis*、血满草 *Sambucus adnata*、叶下花 *Ainsliaea pertyoides*、姜花 *Hedychium coronarium*、深裂竹根七 *Disporopsis pernyi*、万寿竹 *Disporopsis cantoniense*、竹叶吉祥草 *Reineckia carnea*、开口箭 *Tupistra chinensis*、羊齿天门冬 *Asparagus filicinus*、一把伞南星 *Arisaema erubescens*、棕榈 *Trachycarpus fortunei*、叉唇虾脊兰 *Calanthe hancockii* 和小金竹 *Phyllostachys meyeri* 等。

Ⅲ号天坑，在 $0.51hm^2$ 面积内共有维管植物 48 科，70 属，79 种。具体种类为疏叶卷柏 *Selaginella remotifolia*、溪边凤尾蕨 *Pteris excelsa*、狭叶凤尾蕨 *Pteris henryi*、普通凤了蕨 *Coniogramme intermedia*、浅裂短肠蕨 *Allantodia lobulosa*、深绿短肠蕨 *Allantodia viridissima*、华东蹄盖蕨 *Athyrium nipponicum*、峨眉钩毛蕨 *Cyclogramma omeiensis*、披针新月蕨 *Pronephrium penangianum*、单芽狗脊蕨 *Woodwardia unigemmata*、刺齿贯众 *Cyrtomium caryotideum*、贯众 *Cyrtomium fortunei*、狭鳞鳞毛蕨 *Dryopteris stenolepis*、对生耳蕨 *Polystichum deltodon*、猫儿刺耳蕨 *Polystichum stimulans*、对马耳蕨 *Polystichum tsus-simense*、滇鳞果星蕨 *Lepidomicrosorium hymenodes*、膜叶星蕨 *Microsorum membranceum*、扇蕨 *Neocheiropteris palmatopedata*、盾蕨 *Neolepisorus ovatus*、木莲 *Manglietia fordiana*、五香血藤 *Schisandra propingqua*、少花桂 *Cinnamomum pauciflorum*、毛黑壳楠 *Lindera megaphylla f. trichoclade*、长梗润楠 *Machilus longipedicellata*、竹叶楠 *Phoebe faberi*、威灵仙 *Clematis chinensis*、十大功劳 *Mahonia duclouxiana*、八月瓜藤 *Holboellia fargesii*、云南马兜铃 *Aristolochia yunnanensis*、豆瓣绿 *Piperomia tetraphylla*、柄果海桐 *Pittosporum podocarpum*、土沉香 *Excoecaria acerifolia*、木叶叶下珠 *Phyllanthus parvifolius*、鸡脚泡 *Rubus delavayi*、红毛悬钩子 *Rubus pinfaensis*、三只板凳脚 *Pachysandra axillaris*、清香桂 *Sarcococca ruscifolia*、毛榆 *Ulmus wilsoniana*、柘树 *Cudrania tricuspidata*、葡茎珍珠莲 *Ficus sarmentosa*、水麻柳 *Debregeasia edulis*、钝叶楼梯草 *Elatostema obtusum*、大叶冷水花 *Pilea martinii*、粗齿冷水花 *Pilea sinofaciata*、刺叶冬青 *Ilex bioritsensis*、南蛇藤 *Celastrus angulatus*、扶芳藤 *Evonymus fortunei*、大花卫矛 *Evonymus grandiflorus*、羊脆骨 *Schoepfia jasminodora*、雀梅藤 *Sageretia thea*、白背崖爬藤 *Tetrastigma hypoglaucum*、野葡萄 *Vitis thunbergii*、竹叶花椒 *Zanthoxylum armatum*、云南泡花树 *Meliosma yunnanensis*、灯台树 *Cornus controversa*、叶上花 *Helwingia japonica*、八角枫 *Alangium chinensis*、梁王茶 *Nothopanax delavayi*、朱砂根 *Ardisia crenata*、密蒙花 *Buddleja officinalis*、贵州络石 *Trachelospermum bodinieri*、乳儿绳 *Trachelospermum cathayanum*、飞仙藤 *Periploca forrestii*、鸡屎藤 *Paederia scandens*、光茎茜草 *Rubia leiocaulis*、亮叶忍冬 *Lonicera ligustrina var. yunnanensis*、血满草 *Sambucus adnata*、

长序结草 *Valeriana hardwickii*、叶下花 *Ainsliaea pertyoides*、深裂竹根七 *Disporopsis pernyi*、竹叶吉祥草 *Reineckia carnea*、开口箭 *Tupistra chinensis*、羊齿天门冬 *Asparagus filicinus*、棕榈 *Trachycarpus fortunei*、叉唇虾脊兰 *Calanthe hancockii*、红果苔草 *Carex baccans*、小金竹 *Phyllostachys meyeri*、箭竹 *Sinarundinaria nitida* 和分枝大油芒 *Spodiopogon ramosus* 等。据比较分析，天坑中的植物物种多样性比天坑外高出 1~2 倍。

二、植被类型特殊

天坑群虽大小不等、深度各异，但天坑内均具有风小，湿度大，光照偏弱生境特点，使得天坑内的植物种类和植物群落均有别于天坑外。下面对天坑内外的植物种类和植物群落进行比较见表 5-2。

表 5-2 海峰自然保护区天坑内外的植物种类和植物群落比较表

天坑内的植物群落	天坑外的植物群落
植被类型：湿润常绿阔叶林	植被类型：云南松林
乔木层的主要植物种类	乔木层的主要植物种类
木莲 *Manglietia fordiana*	滇油杉 *Keteleeria evelyniana*
少花桂 *Cinnamomum pauciflorum*	云南松 *Pinus yunnanensis*
毛黑壳楠 *Lindera megaphylla f. trichoclade*	刺柏 *Juniperus formosana*
长梗润楠 *Machilus longipedicellata*	云南柞栎 *Quercus dentata var. oxyloba*
竹叶楠 *Phoebe faberi*	黄背栎 *Quercus pannosa*
白楠 *Phoebe neurantha*	栓皮栎 *Quercus variabilis*
毛榆 *Ulmus wilsoniana*	
云南泡花树 *Meliosma yunnanensis*	
八角枫 *Alangium chinensis*	
白背鹅掌柴 *Schefflera hypochlorum*	
灌木层的主要植物种类	灌木层的主要植物种类
梁王茶 *Nothopanax delavayi*	西南栒子 *Cotoneaster franchetii*
叶上花 *Helwingia japonica*	球花石楠 *Photinia glomerata*
朱砂根 *Ardisia crenata*	带叶石楠 *Photinia loriformis*
五味子 *Kadsura longipedunculata*	清香木 *Pistacia weinmannifolia*
翼梗五味子 *Schisandra henryi*	雀梅藤 *Sageretia thea*
五香血藤 *Schisandra propingqua*	木本素馨 *Jasminum seguini*
五月瓜藤 *Holboellia fargesii*	常绿假丁香 *Ligustrum sempervirens*
倒卵叶枇杷 *Eriobotrya obovata*	蓝果荚迷 *Viburnum atrocyaneum*
南蛇藤 *Celastrus angulatus*	密花荚迷 *Viburnum congestum*
葡茎珍珠莲 *Ficus sarmentosa*	
草本层的主要植物种类	草本层的主要植物种类
溪边凤尾蕨 *Pteris excelsa*	毛蕨菜 *Pteridium revolutum*
普通凤了蕨 *Coniogramme intermedia*	粟柄金粉蕨 *Onychium lucidum*

续表 5-2

天坑内的植物群落	天坑外的植物群落
植被类型：湿润常绿阔叶林	植被类型：云南松林
乔木层的主要植物种类	乔木层的主要植物种类
浅裂短肠蕨 *Allantodia lobulosa*	半育鳞毛蕨 *Dryopteris sublacera*
深绿短肠蕨 *Allantodia viridissima*	翼茎香清 *Anaphalis pterocaula*
峨眉钩毛蕨 *Cyclogramma omeiensis*	毛莲蒿 *Artemisia vestita*
披针新月蕨 *Pronephrium penangianum*	天名精 *Carpesium abrotanoides*
单芽狗脊蕨 *Woodwardia unigemmata*	异叶泽兰 *Eupatorium heterophyllum*
刺齿贯众 *Cyrtomium caryotideum*	毛灯草 *Gerbera piloselloides*
狭鳞鳞毛蕨 *Dryopteris stenolepis*	臭灵丹 *Laggera alata*
对生耳蕨 *Polystichum deltodon*	钻叶火绒草 *Leontopodium subulatum*
峨眉耳蕨 *Polystichum omeiense*	荩草 *Arthraxon hispidus*
猫儿刺耳蕨 *Polystichum stimulans*	刺芒野古草 *Arundinella setosa*
滇鳞果星蕨 *Lepidomicrosorium hymenodes*	硬秆子草 *Capillipedium assimile*
膜叶星蕨 *Microsorum membranceum*	旱茅 *Eremopogon delavayi*
扇蕨 *Neocheiropteris palmatopedata*	蔗茅 *Erianthus rufipilus*
盾蕨 *Neolepisorus ovatus*	白健秆 *Eulalia pallens*
钝叶楼梯草 *Elatostema obtusum*	扭黄茅 *Heteropogon contortus*
粗齿冷水花 *Pilea sinofaciata*	白茅 *Imperata cylindrica*
大叶冷水花 *Pilea martinii*	黄背草 *Themeda triandra* var. *japonica*
红果苔草 *Carex baccans Nees*	
分枝大油芒 *Spodiopogon ramosus*	

从表2可以看出，天坑内的植物群落有别于天坑外。天坑群所处的地理位置属于亚热带，其地带性植被为亚热带常绿阔叶林中的半湿润常绿阔叶林，构成半湿润常绿阔叶林的主要乔木种类是壳斗科的滇青冈、滇石栎、元江栲和高山栲等。半湿润常绿阔叶林被人类干扰破坏后则出现云南松林。而天坑内的植物群落则以樟科、木兰科的种类为主，如木莲 *Manglietia fordiana*、少花桂 *Cinnamomum pauciflorum*、毛黑壳楠 *Lindera megaphylla f. trichoclade*、竹叶楠 *Phoebe faberi*、白楠 *Phoebe neurantha* 等。由此可见，天坑内的植物群落应属于亚热带常绿阔叶林中的湿润常绿阔叶林类型。该类植被类型是湿润季风气候区的产物，如果没有天坑群，该类植被类型在滇中至滇东高原上是不存在的。因此，海峰自然保护区天坑群内的植被类型是异质性的，极具保护价值。

三、区系成分异常

在海峰自然保护区天坑群内的植物种类中，具有较多的偏热、偏湿的区系成分。如长托鳞盖蕨 *Microlepia firma*、溪边凤尾蕨 *Pteris excelsa*、半边旗凤尾蕨 *Pteris semipinnata*、浅裂短肠蕨 *Allantodia lobulosa*、深绿短肠蕨 *Allantodia viridissima*、峨眉钩毛蕨 *Cyclogramma omeiensis*、披针新月蕨 *Pronephrium penangianum*、对生耳蕨 *Polystichum deltodon*、峨眉耳蕨 *Polystichum omeiense*、矩圆叶线蕨 *Colysis henryi*、盾蕨 *Neolepisorus ovatus*、木莲 *Manglietia fordiana*、少花桂 *Cinnamomum pauciflorum*、竹叶楠 *Phoebe faberi*、白楠 *Phoebe neurantha*、大叶冷水花 *Pilea martinii*、白背鹅掌柴 *Schefflera hypochlorum* 和朱砂根 *Ardisia crenata* 等。多数种类在滇中至滇东高原上罕见，少数种类，如半边旗凤尾蕨 *Pteris semipinnata*、峨眉钩毛蕨 *Cyclogramma omeiensis*、峨眉耳蕨 *Polystichum omeiense* 等，在滇中至滇东高原上属首次记录。由此可以看出，海峰自然保护区天坑群内的植物种类自天坑陷落后，就犹如大洋里的孤岛，物种流有进而无出。因此，尽管天坑外的生态环境已发生沧桑巨变，天坑群内的物种仍过着"世外桃园"的生活，部分物种仍记录着滇中至滇东高原上数千年前的生态环境和气候条件。由此看来，海峰自然保护区天坑群内的植物种类及植物群落属不可多得的自然遗产。

四、生态梯度异变

天坑内的植物群落，叶、茎、根的生长及生态梯度都与坑内的光照、湿度、风速等因素相适应而产生变异。叶的变化较明显，叶片薄而大，如披针新月蕨在Ⅰ号天坑内占 1/3 的面积，叶长一般都在 2m，宽 40cm，较一般环境下叶长宽大。所有植物在色调上较为色浓、呈暗绿色，叶绿素含量高，叶脉较稀疏，自然整枝弱，枝下高较低，幼茎细长，生长纤弱。

五、林层结构完整

从坑口往下看，天坑内的植物群落外貌，呈现出一片葱郁幽暗，墨绿色的球状树冠，冠密，起伏不平，簇状相拥，20 多米高的大树尤如团团小草。

从林分结构看，为复层林，群落分四层，有乔木上层、乔木下层、灌木层和草本层。保护区天坑林层结构详见表 5-3。

表 5-3 海峰自然保护区天坑林层综合表

天坑号	林层	优势树种	覆盖度（%）	高度（m）	胸径（cm）	备注
Ⅰ	乔木上层	棕榈、白楠、木莲	40	20~25	14~16	
	乔木下层	八角枫、白背鹅掌柴	15	12~15	14~16	
	灌木层	朱砂根，叶上花，红毛泡	30	1.0~1.8		
	草本层	披针新月蕨，溪边凤尾蕨	95	1.8~2.3		披针新月蕨倒伏
Ⅲ	乔木上层	毛榆，长梗润楠，毛黑壳楠，木莲，竹叶楠，少花桂	55	17~20	20~30	毛榆最大胸径85cm，多花含笑树高稍高
	乔木下层	云南泡花树	15	12~15	10	
	灌木层	葡茎珍珠莲，朱砂根，梁王茶	60			葡茎珍珠莲占该层覆盖度的2/3
	草本层	溪边凤尾蕨，刺齿贯众	40			

第三节　天坑森林评价

天坑森林因其在特殊环境下生长，受天然屏障的保护，还保存着较完整的原生植被类型，这是在目前发现仅存的研究滇中、滇东地区植被演替历史的重要材料。为地质、水文、气象、生态、环境、遗传、生物等众多学科提供难得的一个研究场所，因此，天坑森林具有很高的科研价值和保护价值，也是我省特有的景观资源。

第四节　有待研究的问题

1. 天坑森林的环境还需要进一步研究。本次调查只在Ⅲ号天坑内发现少数昆虫种类（如绿叶蝉、蚊子等）、鸟粪，其他天坑，特别是对Ⅰ号天坑内的动物、植物与内部环境及外界环境关系的研究。

2. 天坑地质年代、植物生成年代有待进一步的考证。

3. 特殊环境条件下生物的生存演替规律的研究，为遗传学提供新的内容。

4. 在如此小面积范围内，生存着如此多样的植物种类，植被类型又特殊，区系成分异常，它们是如何利用光能进行物质循环和能量流动等营养链各环节关系上的研究，都有待科技人员深入探讨。

第六章 动 物

第一节 野生动物的栖息环境

海峰自然保护区地处滇东高原的沾益区境内，其地理位置介于东经103°29′36.6″~103°43′19.7″，北纬25°35′5.7″~25°57′19.7″。考察区域的最低海拔为1840m，最高海拔为2414m，地形起伏较为平缓。区内气候为亚热带季风高原气候，具有四季温差不太大，夏季温湿，冬季干凉的特点。植被以暖性针叶林分布最为广泛，在保护区内虽然有一定面积的半湿润常绿阔叶林、硬叶常绿阔叶林、落叶阔叶林，但较为零星分散。保护区内河流、湖泊、沼泽、草地等湿地较多，鱼虾成群、水草丰盛，为鸟类提供良好的觅食环境。

第二节 动物区系

根据《中国动物地理区划》，沾益海峰自然保护区，属"东洋界中印界西南区西南山区亚区"。此区与华中区和西部山地高原亚区、华南区的滇南山地亚区相毗邻。

1. 古北界种极少，仅有云南鼩鼱 *Sorex excelsus*、黄鼬 *Mustela Sibirica*、狗獾 *Meles meles*3 种，占保护区所录哺乳类种类的 12%。

2. 广布种主要有：日本伏翼 *Pipistrellus abramus*、大棕蝠 *Eptesicus serotinus*、野猪 *Sus Scrofa*、赤狐 *Vupes vulpes*、褐家鼠 *Rattus norvegicus*、小家鼠 *Mus musculus*6 种，占保护区所录哺乳类种类的 24%。

3. 东洋界种主要有：爪哇伏蝠 *Pipistrellus javanicus*、猕猴 *Macaca mulatta*、穿山甲 *Manis pentadactyla*、屋顶鼠 *Rodentia rattus*、赤腹松鼠 *Callosciur erythraeus*、隐纹花鼠 *Tamiops swinhoei*、豪猪 *Hystrix hodgsoni*、鼬獾 *Melogale moschata*、猪獾 *Arctonyx collaris*、花面狸 *Paguma larvata*、金猫 *Catopuma temmincki*、赤麂 *Muntiacus munt*、斑羚 *Naemorhedus caudatus*、云南兔 *Lepus comus*、林麝 *Moschus berezovskii*、纹腹松鼠 *Callosciur quinquestriatus*16 种，占保护区所录哺乳类种类的 64%。东洋界种类中，有较广泛分布的共有种有 13 种，占保护区所录哺乳类种类的 52%；西南种 3 种，占 12%。

从上述分析可以看出，保护区的哺乳类区系以东洋界成分占绝对优势，广布种占一定比例，古北种极少。

第三节 动物资源

国内外专家学者对该区域的野生动物资源科学探索和调查研究较少。1999年云南省和曲靖市曾组织技术力量对全县的动物资源进行了普查。在此基础上，于2000年11~12月考察组进行了补充调查，通过调查和访问，将所获资料并参考有关文献，经鉴定和系统整理后，迄今为止，海峰自然保护区及其周围邻近地区共记录：哺乳类25种，隶属6目，8科；鸟类168种，隶属18目，45科，另4亚科；两栖类15种，隶属2目，7科；爬行类17种，隶属2目，7科。

在保护区内，属国家一级重点保护鸟类1种，国家二级重点保护哺乳类动物5种，国家Ⅱ级重点保护鸟类16种，国家二重点保护两栖爬行类2种。

一、哺乳类

自然保护区共记录哺乳类25种，隶属6目，8科，25种。名录详见表6-1。

表6-1 海峰自然保护区兽类名录

种名	区系从属						保护级别	资源状况		
	东洋种				古北种	广布种		稀有	常见	较多
	共有种	西南种	华南种	华中种						
	1	2	3	4	5	6	7	8	9	10
食虫目 *Insectivora*										
鼩鼱科 *Soricidae*										
鼩鼱 *Screx araneus*					▲				※	
翼手目 *Chiroptera*										
蝙蝠科 *Vespertilionidae*										
普通伏翼 *Pipistrellus abramus*						▲				※
大棕蝠 *Eptesicus serotinus*						▲				※
家蝠 *Pipistrellus jananicus*	▲	▲	▲							※
灵长目 *Primates*										
猴科 *Cercopithecidae*										
猕猴 *Macaca mulatta*	▲	▲	▲				Ⅱ	※		
鳞甲目 *Pholidota*										
鲮鲤科 *Manidae*										
穿山甲 *Manis pentadactyla*	▲	▲	▲				Ⅱ		※	
兔形目 *Lagomorphac*										
兔科 *Leporidae*										

续表 6-1

种名	区系从属						保护级别	资源状况		
	东洋种				古北种	广布种		稀有	常见	较多
	共有种	西南种	华南种	华中种						
	1	2	3	4	5	6	7	8	9	10
云南兔 *Lepus comus*		▲								※
啮齿目 *Rodentia*										
鼠科 *Muridae*										
屋顶鼠 *Rattus rattus*	▲	▲	▲							※
褐家鼠 *Rattus norvegicus*						▲			※	
小家鼠 *Mus musculus*						▲				※
松鼠科 *Sciuridae*										
赤腹松鼠 *Callosciurus erythraeus*	▲	▲	▲							※
纹腹松鼠 *Callosciurus quinquestriatus*		▲	▲						※	
隐纹花鼠 *Tamiops swinhoei*	▲	▲	▲						※	
豪猪科 *Hystricidae*										
豪猪 *Hystrix hodgsoni*		▲	▲						※	
食肉目 *carnivora*										
犬科 *Canidae*										
赤狐 *Vulpes vulpes*						▲			※	
鼬科 *Mustelidae*										
黄鼬 *Mustela sibirica*	▲	▲	▲						※	
鼬獾 *Melogale moschata*	▲	▲	▲	▲					※	
猪獾 *Arctonyx collaris*									※	
狗獾 *Meles meles*									※	※
灵猫科 *Viverridae*										
花面狸 *Paguma larvata*	▲	▲	▲							
猫科 *Felidae*										
金猫 *Catopuma temminck*	▲	▲	▲				Ⅱ	※		
偶蹄目 *Artiodactyla*										
麝科 *Moschidae*										
林麝 *Moschus berezovskii*		▲	▲				Ⅱ	※		
牛科 *Bovidae*										
斑羚 *Naemorhedus caudatus*	▲	▲	▲				Ⅱ	※		
猪科 *Suidae*										
野猪 *Sus scrofa*						▲				
鹿科 *Cervidae*										
赤麂 *Muntiacus vaginalis*	▲	▲	▲						※	

二、哺乳类的资源评价

（一）主要经济资源哺乳类

毛皮哺乳类：赤狐 *Vupes vulpes*、黄鼬 *Mustela sibirica*、狗獾 *Meles meles*、猪獾 *Arctonyx collaris*、鼬獾 *Melogale moschata*、金猫 *Catopuma temmincki*、野猪 *Samelus bactrianus*、赤麂 *Muntiacus vaginalis*、斑羚 *Naemorhedus caudatus*、松鼠 *Ociurus vulgaris*、猕猴 *Macaca mulatta* 等。

1. 药用类：林麝 *Mochus berezovskii*、穿山甲 *Manis pentodactyla* 等。林麝 *Mochus chrysogaster* 分泌的麝香，有芳香开窍、活血散瘀、止痛、催产等作用。穿山甲有通经络、下乳汁、消肿止痛作用。

2. 肉用类：赤狐 *Vupes vulpes*、狗獾 *Meles meles*、猪獾 *Arctonyx collaris*、金猫 *Catopuma temmincki*、野猪 *Samelus bactrianus*、林麝 *Mochus berezovskii*、赤麂 *Muntiacus munt*、斑羚 *Neamorhedus caudatus*、松鼠 *Ociurus vulgaris*、草兔 *Lepus capensis*、穿山甲 *Manis pentodactyla* 等。

表 6-2 海峰自然保护区主要经济资源哺乳类表

种类	个体经济评价				资源状况
	毛皮	药用	食用	其他	
赤狐 *Vupes vulpes*	+		+		++
黄鼬 *Mustela sibirica*	+				++
狗獾 *Meles meles*	+		+		++
猪獾 *Arctonyx collaris*	+		+		++
鼬獾 *Melogale moschata*	+				++
金猫 *Catopuma temmincki*	+		+		+
野猪 *Samelus bactrianus*	+		+		+
林麝 *Moschus chrysogaster*		+	+		+
赤麂 *Muntiacus munt*	+		+		++
斑羚 *Naemorhedus goral*	+		+		+
松鼠 *Ociurus vulgaris*	+		+		++
云南兔 *Lepus comus*			+		+++
猕猴 *Macaca mulatta*	+			+	+
穿山甲 *Manis pentodactyla*		+	+		++

（二）主要珍稀濒危哺乳类分述

1. 穿山甲 *Manis pentadactyla*

俗名：鲮鲤

体形修长的小型哺乳类，体大部被覆瓦状鳞甲。头略似锥形，吻尖长而突出。体背的纵行鳞片 15 列。颜面部、腹面自下颌过胸腹至尾基及四肢内侧无鳞。眼小、舌长、无齿。四肢较短，趾具强爪。

为夜行性食蚁哺乳类，以舌舔食各种蚂蚁，兼食其它昆虫。穿凿土洞能力很强，白天隐藏于洞中，夜间活动于林间或农耕地边觅食。常无固定住所。受惊时卷缩成团避敌。

本地区穿山甲尚有一定数量，为国家二级重点保护动物，限量收购和贸易。

2. 猕猴 *Macaca mulatta*

俗名：恒河猴

体较瘦小，体重 8kg 左右，体长很少超过 0.6m。尾中等长，约为体长的 2/5。体毛大部为棕黄色，腰背至尾基部和后肢内侧棕红色或锈红色。臀胝发达，呈红色，雌体更为显著。

白天活动，适应能力强。海拔 3000m 以下的各种阔叶林、次生稀树灌丛、沿河石壁及山溪河谷均为猕猴喜欢栖息的场所。喜群居、嬉戏，植食性。

本地区有分布，但数量少，是国家二级重点保护动物。它不仅是一种重要的用于科研和医学实验的动物，也是一种重要的经济动物。

3. 林麝 *Moschus berezovskii*

俗名：香獐、獐子

体形较小，体重 10kg 左右，体长 0.8m 以下。体上长有厚长毛，极易脱落，毛色灰褐或褐桔黄色，成兽体背无斑点。下颌白色，颈下具白色条纹。前胸黄白色。雄麝具较长呈车刀状犬齿和麝香囊。足蹄尖细，前肢短，后肢长。

栖息于海拔 1800~3400m 的阔叶林、针叶混交林和稀树灌丛坡地。喜欢独居，早晨和黄昏活动，植食性。

保护区内数量稀少，为稀有种，甚至可能处于濒危。是国家一级重点保护动物。

4. 斑羚 *Naemorhedus caudatus*

俗名：岩羊

似家羊而体大，重 25~40kg，体长 1.2m。角短小，下颌无胡须。头部较短，吻部裸露无毛。尾毛蓬松，尾长约 140mm。四肢较长。喉部有一白斑，斑缘浅褐色。自颈背至尾基有一棕褐色脊纹。

栖息于林中，河岸及高山的多岩地带。多早晨和黄昏活动，善于在悬崖上跳跃。喜结小群同居。食野果、嫩叶和青草。

数量稀少，应加强保护。是国家二级重点保护动物。

5. 金猫 *Catopuma temmincki*

俗名：狸豹

重 10~15kg，面纹似豹猫，背毛多灰棕色，鼻吻短，适当于有力撕咬。前肢强健，爪尖而弯曲，且能收缩。前肢的特征，有利于抓住捕获物。

以各种动物为食，从软体动物、鱼类、到小型啮齿动物。

在这一地区数量极少，应加强保护。是国家二级重点保护动物。

第四节 鸟 类

在保护区及其邻近区域内共记录到鸟类 168 种，隶属 18 目，45 科，另 4 亚科。所录鸟类种类占云南所录鸟类（793）的 21.2 %，约为全国鸟类（1，244 种）的 13.5%。

一、居留情况分析

依据所录各种鸟类在该地区的采集、观察时间，并参照有关文献记载，判定其所录各种鸟类的居留情况。统计结果表明：

1. 留鸟（*Resident birds*，表中以"留"表示），计 94 种，占所录鸟类种的 56.0%；
2. 夏候鸟（*Summer visitors*，表中以"夏"表示），计 23 种，占所录鸟类种数的 13.7%；
3. 冬候鸟（*Winter visitors*，表中以"冬"表示），计 43 种，占所录鸟类种数的 25.6%；
4. 旅鸟（*Passage migrants*，表中以"旅"表示），计 8 种，占所录鸟类种数的 4.7%。

综上所述，在保护区所录鸟类中，以留鸟为主，冬候鸟次之，夏候鸟和旅鸟的种数为最少。

二、区系特征分析

因为鸟类具有迁移习性，所以每种鸟的区系从属是视其繁殖区域而定。在沾益海峰自然保护区所录的 168 种鸟类中，在该地区繁殖的鸟类（含留鸟和夏候鸟）计 117 种，占所录鸟类的 69.6%。其中繁殖区域主要东洋界的种类称东洋种，计 69 种，占所录鸟类种数的 41.1%。繁殖区域主要东洋界和古北界两界的种类称广布种，计 35 种，占所录鸟类种数的 20.8%。繁殖区域主要古北界的种类称古北种，计 8 种，占所录鸟类种数的 4.8%。繁殖区域仅见于西藏东南部、四川西部、云南西北部及缅甸东北部横断山区的种类称特有种，计 3 种，占所录鸟类种数的 1.8%。

综上所述，在保护区的鸟类区系成分中，以东洋种成分最多，广布种次之，古北种占一定比例，特有种的成分为最少。这一区系特征的形成，其主要原因是由该地区的自然地理条件所决定的。

三、鸟类资源

保护区范围在海拔 1783～2414m 之间，以暖性针叶林分布最为广泛，是该保护区的主要生境类型。在保护区内虽然有一定面积的半湿润常绿阔叶林、硬叶常绿阔叶林、落叶阔叶林，但较为零星分散。所以，鸟类的垂直地带性分布在该区不十分明显。

森林生境类型鸟类：计 71 种，占所录鸟类种数的 42.2%。主要有：鹧鸪 *Francolinus pintadeanus*、噪鹃 *Eudynamys scolopacea*、黄臀鹎 *Pycnonotus xanthorrhous*、黑卷尾 *Dicrurus macrocercus*、棕胸竹鸡 *Bambusicola fytchii*、白腹锦鸡 *(Chrysolophus amherstiae)*、长尾山椒鸟 *Pericrocotus ethologus*、凤头雀嘴鹎 *Spizixos canifrons*、黑枕黄鹂 *Oriolus chinensis*、红嘴蓝鹊 *Urocissa erythrorhyncha*、锈脸钩嘴鹛 *Pomatorhinus erythrogenys*、棕颈钩嘴鹛 *Pomatorhinus ruficollis*、白颊噪鹛 *Garrulax sannio*、大杜鹃 *Cuculus canorus*、大山雀 *Parus major*、山斑鸠 *Streptopelia orientalis*、普通夜鹰 *Caprimulgus indicus*、黑枕绿啄木鸟 *Picus canus* 等。

田园村寨生境类型鸟类：主要指依靠居民建筑物营巢和多见于居民区及农耕作地中觅食的种类。计 48 种，占所录鸟类种数的 28.6%。主要有：金腰燕 *Hirundo daurica*、棕背伯劳 *Lanius schach*、普通八哥 *Acridotheres cristatellus*、喜鹊 *Pica pica*、大嘴乌鸦 *Corvus macrorhynchos*、大山雀 *Parus major*、树麻雀 *Passer montanus* 等。

河流水域生境类型鸟类：由于保护区内有较大面积的湿地。所以，伴水生活，主要以水生动植物为食的鸟类较多。计 49 种，占所录鸟类种数的 29.2%。主要有：小䴙䴘 *Podiceps ruficollis*、凤头䴙䴘 *Podiceps cristatus*、普通鸬鹚 *Phalacrocorax carbo*、黑鹳 *Ciconia nigra*、赤麻鸭 *Tadorna ferruginea*、丘鹬 *Scolopax rusticola*、白胸翡翠 *Halcyon smyrnensis*、红尾水鸲 *Rhyacornis fuliginosus*、白顶溪鸲 *Chaimarrornis leucocephalus* 等。保护区鸟类名录详见表 6-3。

表 6-3 海峰自然保护区鸟类名录

种名	生境分布			居留情况	资源状况	保护级别	区系从属
	田园村寨类型	湿地类型	森林生境类型				
	1	2	3	4	5	6	7
䴙䴘目 PODICIPEDIFORMES							
䴙䴘科 Podicipedidae							
小䴙䴘 *Tachybaptus ruficollis*		+		留	+++		广
凤头䴙䴘 *Podiceps cristatus*		+		冬	++		
鹈形目 PELECANIFORMES							
鸬鹚科 Phalacrocoracidae		+		冬	+++		
（普通）鸬鹚 *Phalacrocorax carbo*							
鹳形目 CICONIIFORMES							
鹭科 Ardeidae							
苍鹭 *Ardea cinerea*	+	+		冬	+++		东
池鹭 *Ardeola bacchus*	+	+		留	++		广
牛背鹭 *Bubulcus ibis*	+	+		留	++		东
白鹭 *Egretta garzetta*	+	+		留	+++		东
栗苇千千鸟 *Ixobrychus cinnamomeus*	+	+		夏	++		东
大麻千千鸟 *Botaurus stellaris*		+		旅	++		东
鹳科 Ciconiidae							

种名	生境分布			居留情况	资源状况	保护级别	区系从属
	田园村寨类型	湿地类型	森林生境类型				
	1	2	3	4	5	6	7
黑鹳 *Ciconia nigra*	+	+		冬	+	Ⅰ	
鹮科 Threskiornithidae							
白琵鹭 *Platalea leucorodia*	+	+		冬	+	Ⅱ	
雁形目 ANSERIFORMES							
鸭科 Anatidae							
灰雁 *Anser anser*		+		冬	++	省级	
斑头雁 *Anser indicus*		+		冬	+++	省级	
赤麻鸭 *Tadorna ferruginea*	+	+		冬	+++		古
绿翅鸭 *Anas crecca*	+	+		冬	++		古
绿头鸭 *Anas platyrhynchos*		+		冬	++		
斑嘴鸭 *Anas poecilorhyncha*		+		留	++		广
赤颈鸭 *Anas penelope*		+		冬	++		
琵嘴鸭 *Anas clypeata*		+		冬	++		
凤头潜鸭 *Aythya fuligula*		+		冬	++		
鸳鸯 *Aix galericulata*		+		冬	+	Ⅱ	
普通秋沙鸭 *Mergus merganser*		+		冬	++		
隼形目 FALCONIFORMES							
鹰科 Accipitridae							
黑翅鸢 *Elanus caeruleus*	+	+	+	留	++	Ⅱ	东
（黑）鸢 *Milvus migrans*	+	+	+	留	+	Ⅱ	古
凤头鹰 *Accipiter trivirgatus*	+	+	+	留	++	Ⅱ	东
雀鹰 *Accipiter nisus*	+	+	+	留	+	Ⅱ	古
松雀鹰 *Accipiter virgatus*	+	+	+	留	++	Ⅱ	广
普通鵟 *Buteo buteo*	+	+	+	冬	++	Ⅱ	古
白尾鹞 *Circus cyaneus*	+	+		冬	++	Ⅱ	
隼科 Falconidae							
黄爪隼 *Falco naumanni*	+	+	+	冬	++		东
红隼 *Falco tinnunculus*	+	+	+	冬	++		广
鸡形目 GALLIFORMES							
雉科 Phasianidae							
鹧鸪 *Francolinus pintadeanus*			+	留	+++		东
鹌鹑 *Coturnix coturnix*	+			冬	++		
棕胸竹鸡 *Bambusicola fytchii*			+	留	++		东
环颈雉 *Phasianus colchicus*	+	+		留	++		广
白腹锦鸡 *Chrysolophus amherstiae*				留	+++		东
鹤形目 GRUIFORMES							

续表 6-3

种名	生境分布			居留情况	资源状况	保护级别	区系从属
	田园村寨类型	湿地类型	森林生境类型				
	1	2	3	4	5	6	7
鹤科 Gruidae							
灰鹤 *Grus grus*	+	+		冬	++	II	
黑颈鹤 *Grus nigricollis*		+		冬	+	I	
秧鸡科 Rallidae							
蓝胸秧鸡 *Rallus striatus*	+	+		夏	++		东
小田鸡 *Porzana pusilla*	+	+		旅	++		东
红胸田鸡 *Porzana fusca*	+	+		留	+++		东
白骨顶 *Fulica atra*		+		冬	+++		
鸻形目 CHARADRIIFORMES							
鸻科 Charadriidae							
金眶鸻 *Charadrius dubius*	+	+		冬	++		广
凤头麦鸡 *Vanellus vanellus*	+	+		冬	+++		东
灰头麦鸡 *Vanellus cinereus*	+	+		冬	+++		东
鹬科 Scolopacidae							
青脚鹬 *Tringa nebularia*		+		冬	+++		
白腰草鹬 *Tringa ochropus*	+	+		冬	+++		
矶鹬 *Tringa hypoleucos*		+		冬	+++		
针尾沙锥 *Gallinago stenura*	+			冬	+++		
丘鹬 *Scolopax rusticola*		+		冬	+++		
鸥形目 LARIFORMES							
鸥科 Laridae							
红嘴鸥 *Larus ridibundus*		+		冬	+++		古
棕头鸥 *Larus brunnicephalus*		+		冬	++		
鸽形目 COLUMBIFORMES							
鸠鸽科 Columbidae							
山斑鸠 *Streptopelia orientalis*	+		+	留	++		广
珠颈斑鸠 *Streptopelia chinensis*	+		+	留	+++		东
火斑鸠 *Oenopopelia tranquebarica*	+		+	留	+++		古
鹃形目 CUCULFORMES							
杜鹃科 Cuculidae							
鹰鹃 *Cuculus sparverioides*		+	+	夏	+		东
四声杜鹃 *Cuculus micropterus*	+		+	夏	++		东
大杜鹃 *Cuculus canorus*			+	夏	++		广
八声杜鹃 *Cuculus merulinus*	+		+	夏	++		东
噪鹃 *Eudynamys scolopacea*	+		+	夏	+++		
鸮形目 STRIGIFORMES							

续表 6-3

种名	生境分布			居留情况	资源状况	保护级别	区系从属
	田园村寨类型	湿地类型	森林生境类型				
	1	2	3	4	5	6	7
草鸮科 Tytonidae							
草鸮 *Tyto capensis*	+		+	留	++	Ⅱ	广
鸱鸮科 Strigidae							
灰林鸮 *Strix aluco*	+		+	留	++	Ⅱ	东
夜鹰目 CAPRIMULGIFORMES							
夜鹰科 Caprimulgidae							
普通夜鹰 *Caprimulgus indicus*	+		+	留	+++	Ⅱ	东
雨燕目 APODIFORMES							
雨燕科 Apodidae							
白腰雨燕 *Apus pacificus*	+	+		夏	+++		广
小白腰雨燕 *Apus affinis*	+	+		夏	++		东
佛法僧目 CORACIIFORMES							
翠鸟科 Alcedinidae							
普通翠鸟 *Alcedo atthis*	+	+		留	+++		广
白胸翡翠 *Halcyon smyrnensis*	+	+		留	+		东
蓝翡翠 *Halcyon pileata*	+	+		留	++		东
佛法僧科 Coraciidae							
棕胸佛法僧 *Coracias benghalensis*	+	+	+	留	++		东
戴胜科 Upupidae							
戴胜 *Upupa epops*	+	+		留	+++		广
鴷形目 PICIFORMES							
啄木鸟科 Picidae							
蚁鴷 *Jynx torquilla*			+	冬	+++		
黑枕绿啄木鸟 *Picus canus*			+	留	++		广
斑姬啄木鸟 *Picumnus innominatus*			+	留	++		东
赤胸啄木鸟 *Picoides cathpharius*			+	留	++		东
棕腹啄木鸟 *Picoides hyperythrus*			+	留	++		古
星头啄木鸟 *Picoides canicapillus*			+	留	++		广
雀形目 PASSERIFORMES							
百灵鸟科 Alaudidae							
小云雀 *Alauda gulgula*			+	留	++		广
燕科 Hirundinidae							
家燕 *Hirundo rustica*	+			夏	+++		广
金腰燕 *Hirundo daurica*	+			夏	++		广
斑腰燕 *Hirundo striolata*	+			夏	++		东
鹡鸰科 Motacillidae							

续表 6-3

种名	生境分布			居留情况	资源状况	保护级别	区系从属
	田园村寨类型	湿地类型	森林生境类型				
	1	2	3	4	5	6	7
灰鹡鸰 *Motacilla cinerea*	+			旅	++		古
白鹡鸰 *Motacilla alba*	+			冬	+++		古
树鹨 *Anthus hodgsoni*			+	冬	++		广
田鹨 *Anthus novaeseelandiae*	+			冬	++		广
山椒鸟科 Campephagidae							
粉红山椒鸟 *Pericrocotus roseus*			+	夏	+		东
长尾山椒鸟 *Pericrocotus ethologus*			+	夏	+		东
短嘴山椒鸟 *Pericrocotus brevirostris*			+	夏	++		东
鹎科 Pycnonotidae							
黄臀鹎 *Pycnonotus xanthorrhous*	+		+	留	+++		东
凤头雀嘴鹎 *Spizixos canifrons*			+	留	+++		东
绿翅短脚鹎 *Hypsipetes mcclellandii*			+	留	++		东
黑短脚鹎 *Hypsipetes madagascariensis*			+	留	++		东
伯劳科 Laniidae							
棕背伯劳 *Lanius schach*	+	+	+	留	++		东
黄鹂科 Oriolidae							
黑枕黄鹂 *Oriolus chinensis*			+	留	++		东
卷尾科 Dicruridae							
黑卷尾 *Dicrurus macrocercus*	+	+	+	夏	+++		东
发冠卷尾 *Dicrurus hottentottus*			+	夏	++		东
椋鸟科 Sturnidae							
普通八哥 *Acridotheres cristatellus*			+	留	++		东
鸦科 Corvidae							
红嘴兰鹊 *Urocissa erythrorhyncha*	+		+	留	++		广
喜鹊 *Pica pica*	+	+	+	留	++		广
寒鸦 *Corvus dauurica*			+	留	+		古
大嘴乌鸦 *Corvus macrorhynchos*	+			留	+++		广
小嘴乌鸦 *Corvus corone*	+			留	++		古
河乌科 Cinclidae							
褐河乌 *Cinclus pallasii*		+		留	++		广
鹟科 Muscicapidae							
鸫亚科 Turdinae							
红点颏 *Luscinia calliope*			+	冬	++		东
红肋蓝尾鸲 *Tarsiger cyanurus*			+	旅	++		东
鹊鸲 *Copsychus saularis*		+	+	留	++		东
北红尾鸲 *Phoenicurus auroreus*				冬	++		古

续表 6-3

种名	生境分布			居留情况	资源状况	保护级别	区系从属
	田园村寨类型	湿地类型	森林生境类型				
	1	2	3	4	5	6	7
红尾水鸲 Rhyacornis fuliginosus			+	留	++		东
白尾蓝地鸲 Cinclidium leucurum		+		留	++		东
小燕尾 Enicurus scouleri			+	留	+		东
灰背燕尾 Enicurus schistaceus		+		留	+		东
黑背燕尾 Enicurus leschenaulti		+		留	++		东
斑背燕尾 Enicurus maculatus		+		留	++		东
黑喉石 Saxicola torquata		+		留	++		广
灰林即 Saxicola ferrea	+		+	留	++		东
白顶溪鸲 Chaimarrornis leucocephalus			+	留	++		东
兰矶鸫 Monticola solitarius		+		留	++		广
紫啸鸫 Myiophoneus caeruleus			+	留	++		东
虎斑地鸫 Zoothera dauma	+	+		冬	+		东
黑胸鸫 Turdus dissimilis			+	冬	++		东
斑鸫 Turdus naumanni			+	冬	+		东
画眉亚科 Timaliinae							
锈脸钩嘴鹛 Pomatorhinus erythrogenys			+	留			东
棕颈钩嘴鹛 Pomatorhinus ruficollis			+	留	+++		东
灰翅噪鹛 Garrulax cineraceus			+	留	++		东
白颊噪鹛 Garrulax sannio			+	留	+++		东
兰翅希鹛 Minla cyanouroptera			+	留	++		东
火尾希鹛 Minla ignotincta			+	留	++		东
栗头雀鹛 Alcippe castaneceps			+	留	++		东
棕头雀鹛 Alcippe ruficapilla			+	留	++		东
褐胁雀鹛 Alcippe dubia			+	留	+++		东
灰眶雀鹛 Alcippe morrisonia			+	留	+		东
黑头奇鹛 Heterophasia melanoleuca			+	留	++		东
白领凤鹛 Yuhina diademata			+	留	++		东
棕翅缘鸦雀 Paradoxornis webbianus			+	留	++		东
莺亚科 Sylviinae							
黄腹柳莺 Phylloscopus affinis			+	旅	++		东
黄眉柳莺 Phylloscopus inornatus			+	夏			古
黄腰柳莺 Phylloscopus proregulus			+	冬	++		古
金眶鹟莺 Seicercus burkii				夏	+		东
棕扇尾莺 Cisticola juncidis			+	夏	++		东
褐头鹪莺 Prinia subflava	+		+	留	++		东
褐山鹪莺 Prinia polychroa	+		+	留	++		东

续表 6-3

种名	生境分布			居留情况	资源状况	保护级别	区系从属
	田园村寨类型	湿地类型	森林生境类型				
	1	2	3	4	5	6	7
黑喉山鹪莺 Prinia atrogularis	+		+	留	++		东
鹟亚科 Muscicapinae							
红喉姬鹟 Ficedula parva			+	旅	++		东
棕腹仙鹟 Niltava sundara			+	夏	++		东
铜兰鹟 Muscicapa thalassina			+	夏	++		东
方尾鹟 Culicicapa ceylonensis			+	夏	++		东
山雀科 Paridae							
大山雀 Parus major				留	++		广
绿背山雀 Parus monticolus	+		+	留	++		东
红头长尾山雀 Aegithalos concinnus			+	留	++		东
黑眉长尾山雀 Aegithalos iouschistos				留	+		东
䴓科 Sittidae							
滇䴓 Sitta yunnanensis			+	留	++		广
普通䴓 Sitta europaea			+	留	++		广
旋木雀科 Certhiidae							
普通旋木雀 Certhia familiaris			+	留	++		古
高山旋木雀 Certhia himalayana			+	留	++		东
啄花鸟科 Dicaeidae							
纯色啄花鸟 Dicaeum concolor			+	留	++		东
红胸啄花鸟 Dicaeum ignipectus			+	留	++		东
太阳鸟科 Nectariniidae							
黄腰太阳鸟 Aethopyga siparaja			+	留	++		东
蓝喉太阳鸟 Aethopyga gouldiae			+	留	++		东
绿喉太阳鸟 Aethopyga nipalensis			+	留	++		东
绣眼鸟科 Zosteropidae							
红胁绣眼鸟 Zosterops erythropleura			+	旅	++		东
灰腹绣眼鸟 Zosterops palpebrosa			+	留	+		东
文鸟科 Ploceidae							
树麻雀 Passer montanus			+	留	++		东
山麻雀 Passer rutilans			+	留	+++		东
雀科 Fringillidae	+						
黑头金翅雀 Carduelis ambigua			+	留	+++		东
普通朱雀 Carpodacus erythrinus	+			留	++		古
灰头鹀 Emberiza spodocephala	+		+	冬	+		广
灰眉岩鹀 Emberize cia			+	留	++		古
小鹀 Emberize pusilla	+			旅	+++		古

续表 6-3

种名	生境分布			居留情况	资源状况	保护级别	区系从属
	田园村寨类型	湿地类型	森林生境类型				
	1	2	3	4	5	6	7
凤头鹀 *Mecophus lathami*	+			留	++		东

将上述的生境分布情况相比较，以森林生境类型的鸟类最多；河流水域生境类型鸟类也较为丰富；田园村寨生境类型鸟类次之。因为保护区内沼泽湿地较多，鱼虾成群、水草丰富，为水禽提供好的觅食场所。

四、农林益鸟和经济鸟类

鸟类是大自然生态系统中重要的组成部分，鸟类的种类繁多，生态适应多样。所以，鸟类在维护森林生态系统及农业生态系统的平衡，在人类的生产和生活过程中起到重要的作用。因此，人们越来越深刻地认识到保护鸟类资源的重要意义。

鸟类对于人类的生产与生活的关系，可以从直接利益和间接利益两个方面加以认识。所谓直接利益，是人们直接利用鸟体本身作为肉用、羽用、或观赏，获取直接的经济效益。间接利益，是鸟类在自然生态系统中，由于食物链关系，捕食农作物害虫、林业害虫、危害人畜健康的害虫和老鼠等有害动物，促使农作物和树木的生长发育，有益于人畜健康及人类的生产和生活。现将保护区所录鸟类中，主要的农林益鸟，主要的经济鸟类和国家重点保护鸟类分述如下：

（一）主要农林益鸟

据鸟类的食性分析资料，在保护区所录的鸟类中，绝大多数鸟类均以农田和林木害虫为食，对农、林业有益。

常见的农田食虫鸟类有：喜鹊 *Pica pica*、普通八哥 *Acridotheres cristatellus*、普通夜鹰 *Caprimulgus indicus*、戴胜 *Upupa epops*、家燕 *Hirundo rustica*、白鹡鸰 *Motacilla alba*、田鹨 *Anthus novaeseelandiae*、黑卷尾 *Dicrurus macrocercus*、鹊鸲 *Copsychus saularis* 等。

常见森林食虫鸟类有鹰鹃 *Cuculus sparverioides*、大杜鹃 *Cuculus canorus*、噪鹃 *Eudynamys scolopacea*、蚁䴕 *Jynx torquilla*、黑枕绿啄木鸟 *Picus canus*、星头啄木鸟 *Picoides canicapillus*、黑枕黄鹂 *Oriolus chinensis*、发冠卷尾 *Dicrurus hottentottus*、北红尾鸲 *Phoenicurus auroreus*、灰腹绣眼鸟 *Zosterops palpebrosa* 等。

除以昆虫为主要食物的鸟类之外，尚有许多杂食性鸟类，在它们的觅食过程中或多或少都捕食昆虫，尤其在繁殖和哺育幼雏时期采食的昆虫量更大。这对抑制农林害虫的危害起到一定的作用。

此外，隼形目鸟类和鸮形目鸟类中的许多种类，主要捕食农田、山坡耕作地、居民点和林地、草地中的鼠类，对抑制农林鼠害的发生也有积极的作用。

（二）主要经济资源鸟类

根据当地民间的狩猎活动对鸟类资源的利用情况，并参考有关文献资料，保护区的主要经济资源鸟类见表6-4。

表6-4 海峰自然保护区主要经济资源鸟类

名称	俗名	肉用	羽用	药用	观赏	资源状况
1. 小䴙䴘 *Podicepsruficollis*	水葫芦	+		+		++
2. 普通鸬鹚 *Phalacrocoraxcarbo*	鱼鹰			+		+
3. 赤麻鸭 *Tadornaferruginea*	黄鸭	+	+			++
4. 绿翅鸭 *Anascrecca*	小鸭	+	+	+		++
5. 斑嘴鸭 *Anaspoecilorhyncha*	野鸭	+	+			++
6. 琵嘴鸭 *Anasclypeata*		+	+			++
7. 鹧鸪 *Francolinuspintadeanus*		+	+	+		++
8. 棕胸竹鸡 *Bambusicolafytchii*	团鸡	+	+			+++
9. 环颈雉 *Phasianuscolchicus*	野鸡	+	+			++
10. 白腹锦鸡 *Chrysolophusamherstiae*	箐鸡	+	+		+	++
11. 珠颈斑鸠 *Streptopeliachinensis*	斑鸠	+		+		++
12. 山斑鸠 *Streptopeliaorientalis*	憨斑鸠	+				++
13. 火斑鸠 *Oenopopeliatranquebarica*	火鸽子	+		+		++
14. 灰头鹦鹉 *Psittaculahimalayana*	鹦哥				+	+++
15. 黑枕黄鹂 *Orioluschinensis*	黄鹂			+	+	++
16. 家八哥 *Acridotherestristis*	土八哥				+	++
17. 普通八哥 *Acridotherescristatellus*	八哥			+	+	+++
18. 鹊鸲 *Copsychussaularis*	似喜鹊				+	++
19. 白颊噪鹛 *Garrulaxsannio*	土画眉				+	+++
20. 红胁绣眼鸟 *Zosteropserythropleura*	绣眼				+	++
21. 灰腹绣眼鸟 *Zosteropspalpebrosa*	绣眼				+	++
22. 树麻雀 *Passermontanus*	麻雀	+		+		+++
23. 黑头金翅雀 *Carduelisambigua*	金翅雀				+	+++
24. 普通朱雀 *Carpldacuserythrinus*	菜籽雀				+	++

肉用鸟类有：小䴙䴘 *Podiceps ruficollis*、赤麻鸭 *Tadorna ferruginea*、绿翅鸭 *Anas crecca*、斑嘴鸭 *Anas poecilorhyncha*、琵嘴鸭 *Anas clypeata*、鹧鸪 *Francolinus pintadeanus*、棕胸竹鸡 *Bambusicola fytchii*、环颈雉 *Phasianus colchicus*、白腹锦鸡 *Chrysolophus amherstiae*、山斑鸠 *Streptopelia orientalis*、珠颈斑鸠 *Streptopelia chinensis*、火斑鸠 *Oenopopelia tranquebarica*、树麻雀 *Passer montanus* 等。

羽用鸟类有：赤麻鸭 *Tadorna ferruginea*、琵嘴鸭 *Anas clypeata*、绿翅鸭 *Anas crecca*、斑嘴鸭 *Anas poecilorhyncha*、鹧鸪 *Francolinus pintadeanus*、棕胸竹鸡 *Bambusicola fytchii*、环颈雉 *Phasianus colchicus*、白腹锦鸡 *Chrysolophus amherstiae* 等。

药用鸟类有：小䴙䴘 *Podiceps ruficollis*、普通鸬鹚 *Phalacrocorax carbo*、鹧鸪 *Francolinus pintadeanus*、绿翅鸭 *Anas crecca*、棕胸竹鸡 *Bambusicola fytchii*、珠颈斑鸠 *Streptopelia chinensis*、黑枕黄鹂 *Oriolus chinensis*、普通八哥 *Acridotheres cristatellus*、树麻雀 *Passer montanus* 等。

观赏鸟类有：鹧鸪 *Francolinus pintadeanus*、棕胸竹鸡 *Bambusicola fytchii*、环颈雉 *Phasianus colchicus*、白腹锦鸡 *Chrysolophus amherstiae*、灰头鹦鹉 *Psittacula himalayana*、黑枕黄鹂 *Oriolus chinensis* 普通八哥 *Acridotheres cristatellus*、鹊鸲 *Copsychus saularis*、白颊噪鹛 *Garrulax sannio*、红胁绣眼鸟 *Zosterops erythropleura*、灰腹绣眼鸟 *Zosterops palpebrosa*、黑头金翅雀 *Carduelis ambigua*、普通朱雀 *Carpldacus erythrinus* 等。

五、国家重点保护鸟类分述

根据国务院 1988 年 11 月 8 日颁布的《中华人民共和国野生动物保护法》国家重点保护野生动物名录鸟纲所列的种类，在保护区所录鸟类中，属国家一级重点保护种类 1 种，二级重点保护种类 16 种。分别记述如下：

（一）国家一级重点保护种类

黑鹳 *Ciconia nigra*

俗名：乌鹳。属鹳形目，鹳科。体重约 2500g，全长 1050mm 左右。嘴长呈凿形，脚和颈较长，站立约 1m 高；通体羽毛除下胸和腹部呈白色外，均为黑色，闪耀紫绿色金属光泽，眼周裸皮、嘴、脚和趾均为红色。

栖息于开阔的湖泊边缘沼泽地及田坝区，以鱼类、两栖类、水生昆虫为食。冬候鸟，数量稀少。

（二）国家Ⅱ级重点保护种类

1. 红隼 *Falco tinnunculus*

俗名：茶隼。属于隼形目，隼科。雄鸟：头、颈、尾羽蓝色，背部和翼上覆羽红棕色。眼下有黑斑，背及翼覆羽有粗黑斑。飞行时，腹面观之，翼下密布细黑斑，尾羽末端灰白色，有一黑色次端。雌鸟：头部和背部棕色，具黑褐色斑点。体腹面棕黄色，眼下黑斑较长。

多活动于田间或开阔的山坡农耕区。有时在空中不断扇动翅膀，作定点悬停。主要以鼠类、小鸟等为食。数量少。

2. 黄爪隼 *Falco naumanni*

俗名：中国茶隼。属于隼形目，隼科。背羽主要为棕红色，头至后颈和尾羽灰色，尾羽具宽阔的黑色次端斑；胸和腹部淡棕红；翅下覆羽白色；尾羽底面亦白色，黑色次端斑在飞翔时尤为明显；爪黄色。

偶见单个在开阔的田坝区活动；以昆虫和鼠类为食。资源现状为罕见种。

3. 黑翅鸢 *Elanus caeruleus*

俗名：灰鹞子。属隼形目，鹰科。体重约 180g，体长 330mm 左右。上体淡兰灰色。眼周及肩部大部分为黑色，下体白色具深棕色和暗褐色纵纹。

平时多见单只飞翔于田野和稀树草坡上空。有时也停于电线杆或树梢。主以鼠类、蝗虫等为食。数量多。

4.（黑）鸢 *Milvus migrans*

俗名：老鹰，饿老鹰。属隼形目，鹰科。体重约 900g，体长 600mm 左右。全身暗褐色，翅下各具一白斑，尾端呈叉状。翱翔时这些特征易于辨认。

常在城镇、农村及田野上空，盘旋飞翔，历久不停。主要以啮齿类、蛇、蛙及大型昆虫为食，有时也到居民住宅区捕食鸡、鸭幼雏。数量多。

5. 雀鹰 *Accipiter nisus*

属于隼形目，鹰科。体形较小，体长不超过 600mm。上体青灰色，下体白色。尾羽具 5 条黑褐色横带。

常单独活动于山地疏林或农田、矿野上空。有时也在山林中的树上栖息或上空飞翔。以鼠类、其他小鸟及爬行动物为食。数量多。

6. 凤头鹰 *Accipiter trivirgatus*

属于隼形目，鹰科。头顶至后颈黑褐色，后枕具黑褐色短形冠羽；上体暗褐，尾上覆羽具白色端斑，尾羽具 4~5 道黑褐色带斑。胸部具黑褐色或棕褐色纵纹，腹部具棕褐色横斑。

栖息于热带，亚热带湿性常绿阔叶林中，常见单个活动，有时停歇在大树顶端，有时在空中飞翔。捕食小动物。资源状况为常见种。

7. 松雀鹰 *Accipiter virgatus*

俗名：鹞鹰。属于隼形目，鹰科。与雀鹰相似，唯喉部具显著的中央喉纹；第 6 枚初级飞羽外翈无切刻，可与雀鹰相区别。

栖息于山地林区，多见单个活动，捕食小动物。资源现状为常见种。

8. 普通𫛭 *Buteo buteo*

俗名：饿老鹰。属于隼形目，鹰科。体形较小；雄性翅长不及 400mm，雌性翅长不及 440mm；跗蹠下部裸露，不被羽至趾基。羽色变化较大，有多种色型。

栖息于山区，田坝区和乡村或城市的乔木树、建筑物的突出部位，多见单个活动。在空中飞翔，伺机捕食野兔、鼠类、小鸟、蛇、蜥蜴和蛙类，也常见盗食家禽。资源现状为常见种。

9. 白尾鹞 *Circus cyaneus*

俗名：鹞子、灰鹞鹰。属于隼形目，鹰科。体形中等，嘴峰长从蜡膜前缘量起不及 20mm。第 2 枚初级飞羽较第 5 枚为短或几乎等长；第 5 枚初级飞羽的外翈具切刻；雄性成鸟体羽主要呈蓝灰色，尾上覆羽和腹部及翅下覆羽纯白色。雌性成鸟体羽主要呈棕褐色，头至后颈和前胸具黑褐色纵纹；尾上覆羽白色，幼鸟多少杂有淡棕色斑纹。

栖息于开阔的草原、田野和沼泽湿地，单个活动。飞翔敏捷，以小型鼠类、食虫类、鸟类和两栖类、爬行类及昆虫等动物为主，是农田益鸟。资源现状为常见种。

10. 草鸮 *Tyto capensis*

俗名：猴面鹰。属鸮形目，草鸮科 体形极仓鸮，唯面盘呈浅灰棕红色；上体黑褐色，散布棕黄色斑块及白色细小点斑；飞羽棕黄，具暗褐色横斑及端斑；中央尾羽棕黄，具黑褐色横斑；下体浅棕白或棕黄色，散布黑色细小斑点斑。

栖息于低山阔叶乔木树上，偶进庭院活动。以鼠类为食。留鸟。数量很少。

11. 灰林鸮 *Strix aluco*

俗名：猫头鹰、森鸮、木鸮。属于鸮形目，鸱鸮科。体形中等，体长约390mm。头圆，头顶两侧无耳羽突；通体浅棕黄色或浅灰白色（亚成鸟）；上体密布暗褐色虫蠹状斑纹，成斑杂状；下体具粗著的黑褐色纵纹及狭窄的暗褐色虫蠹状横纹，并散布白色点斑。

主要栖息于沟谷阔叶林或农耕地及居民点的树林中，为夜行性鸟类。食物包括小型哺乳类、鸟类、蛙及昆虫等。资源现状为稀有种。

12. 鸳鸯 *Aix galericulata*

属雁形目，鸭科。体重约500g，体长420mm左右。雌雄异色。雄鸟羽色华丽绚烂，背面褐色，腹部白色，枕部有由红、紫、绿及白色等长羽组成的凤冠，翼上有一对栗黄色的扇状直立羽，如同一对精制的船桨。雌鸟头灰，背部褐色，腹面纯白，不具冠羽，也无扇状直立羽，远不如雄鸳鸯那样华丽动人。

鸳鸯多栖息于低山丘陵地带的溪流、池塘和农田中，也常到附近的树林中觅食、活动。食物主要是小鱼、蜗牛和昆虫等动物性食物。有时也吃玉米、稻谷、水草等植物性食物。冬候鸟。数量稀少。

13. 白琵鹭 *Platalea leucorodia*

俗名：琵嘴白鹭。属于鹳形目，鹮科。嘴长而平扁，向前平伸，端部阔宽呈铲状；脸部裸区黄色；体羽白，飞羽的羽干纹黑色。

栖息于高原湖泊边缘的沼泽滩地，觅食水生昆虫、鱼类及其他无脊椎水生动物。资源现状为稀有种。

14. 灰鹤 *Grus grus*

属鹤形目，鹤科。大型涉禽，颈、嘴较长，头相对较小，体长约1m。通体基本上为灰色，头、及上颈黑色，有一白色条纹从眼后一直延伸至颈侧，在后颈相连。头顶裸露，皮肤红色。初级飞羽和次级飞羽黑色，三级飞羽先端亦黑。雌雄相似。

越冬时栖息于湖边，沼泽及农田中，多集群活动。觅食活动时群体较为分散，以植物为主，也兼食一些软体动物等。冬候鸟。数量少。

15. 白腹锦鸡 *Chrysolophus amherstiae*

俗名：箐鸡。属鸡形目，雉科。雄鸟：头顶、上背、肩和上胸为翠金绿色，具金属光泽，羽缘黑色。羽冠紫红色。后颈部有一片白色具蓝白二色的披肩。下背及腰黄色，尾上覆羽白色，有红及黑色羽缘，部份较长羽尾上覆羽后半段红色。发行长，具黑白斑纹。翅覆羽暗蓝，羽缘黑，飞羽暗褐。下胸以下白色。脸部裸皮及嘴、脚蓝灰。雌鸟：通体褐色，密布黑斑，胸棕红，脚蓝灰。

活动于海拔1700~2400m的森林、灌丛、草坡。喜在山沟活动。以植物和昆虫为食。数量较多。

16. 灰头鹦鹉 *Psittacula himalayana*

俗名：鹦鹉。属于鹦形目，鹦鹉科。额无黑色带斑；雌雄鸟头部均呈铅灰色；胸部绯红色。

灰头鹦鹉春、夏季节多单只或成对活动于山谷雨林或稀树阔叶林内，秋、冬季节则数十只结群活动。觅食各种野果、种子，也吃玉米或在果园盗食苹果。资源现状为常见种。

据国际自然和自然资源保护联盟（IUCN）1988年发布的濒危物种红皮书，在中国有记录的鸟类中，见于该保护区的种类有：滇䴓 *Sitta yunnanensis*、鸳鸯 *Aix galericulata*、白腹锦鸡 *Chrysolophus amherstiae* 共3种。

六、鸟类栖息环境

不同的鸟类对栖息地水域的深度有不同要求，按照功能不同，可将海峰湿地水域划分为5个区。海峰湿地宽阔的水面为各种游禽提供了良好栖息环境，是各种鸟类在迁徙季节休息和觅食的理想场所。

表6-5 海峰自然保护区鸟类栖息环境水域分类表

水域环境	深水区	浅水区	沼泽区	浅滩区	岛屿区
水深（m）	-1.50 ~ -0.45	-0.45 ~ -0.20	-0.20 ~ 0.20	0.20 ~ 0.80	0.80 ~ 1.80
水鸟类群	雁鸭类	雁鸭类、鹭类	鹭类、鹬鸻类	秧鸡类	鹭类

七、鸟类资源评价

观鸟是一项集娱乐、健身、学习和研究为一体的高雅活动。它不仅可以陶冶身心，消除疲劳，有健身娱乐的功效，还可以推广环境保护教育，提高人们的环境保护意识。此外，它还是有效的生态人格培育方式，是激发人类对自然的热爱之情的最佳方式之一。海峰湿地丰富的鸟类资源为开展观鸟旅游提供了基础。

（一）珍稀性

经实地调查并结合相关资料分析，海峰自然保护区受保护性的鸟类有6目，9科，14属18种。其中，国家一级保护鸟类2种，分别为黑鹳和黑颈鹤；国家二级保护鸟类15种，分别为白琵鹭，鸳鸯，黑翅鸢，黑鸢，凤头鹰，雀鹰，松雀鹰，普通鵟，白尾鹞，黄爪隼，红隼，白腹锦鸡，灰鹤，草鸮，灰林鸮；云南省级保护物种1种，即斑头雁。

（二）观赏性

从居留类型来看，海峰湿地共有留鸟 101 种、夏候鸟 23 种、冬候鸟 44 种、旅鸟 9 种；在该地区繁殖的鸟类（含留鸟与夏候鸟），从区系划分，东洋种较多，广布种次之。

水鸟在海峰湿地保护区中最为常见，林鸟次之。从资源现状来讲，优势种有白鹭、苍鹭、骨顶鸡、普通鸬鹚、小䴙䴘、赤麻鸭、绿头鸭、斑头雁、红隼、黄臀鹎、小嘴乌鸦、树麻雀等，总体的可观察度、形态优美度和文化价值较高，十分适合观鸟旅游活动的开展。在本保护区中，由于鸳鸯的易观察性、形态优美度、文化价值都较高，所以鸳鸯的观赏性最高；而喜鹊、普通翠鸟、白胸翡翠、戴胜等文化价值突出；黑颈鹤、黑鹳的珍稀性、科研价值、形态优美度方面比较突出，但在可观察度方面不高；而小䴙䴘、骨顶鸡、黄臀鹎等的可观察度颇高，形态优美度方面不如前者。

（三）科研性

鸟类的分布、数量、生物多样性等特征不仅与湿地生态系统内海拔、土壤湿度、氮梯度、景观指数等无机环境因子相关，还与生态系统生物完整性相关。因此鸟类常被用作保护区选址、生态系统完整性、生态系统健康的评价指标，在湿地生态系统监测与评价中发挥重要应用。首先，生态学家普遍认为鸟类分布和多度的第一影响因子是植被，而食物、寄生物、捕食关系则为第二影响因子，所以鸟类常被作为植被的指示物种。例如：海峰湿地中不同种类的涉禽（如苍鹭、白鹭、池鹭等）对植被干扰强度的耐受性不同，因此可根据乔木和灌木盖度、树种多样性等因子与涉禽的相关程度确定指示物种，涉禽指示物种在对湿地浅滩及岛屿植被退化的评价可发挥重要作用。其次，湿地水文情势影响着湿地鸟类多样性和丰富度，因此湿地鸟类可以作为水文情势的监测指标。留鸟与迁徙鸟类相比对地表水的选择性更强，而海峰湿地留鸟种类达 100 多种，因此更适于作为指示种。（例如：海峰湿地水域中的小䴙䴘和凤头䴙䴘的丰富度与水体的营养载荷显著相关）此外，有研究表明，生物类群中较高等级生物与低等级生物的数量关系呈正相关，所以高等级生物类群数量特征可以用来评估低等级物种的数量信息。鸟类作为海峰湿地中高等级生物类群，具有评价湿地生物多样性的优势。鱼类是水鸟的主要食物之一，和水鸟相比是低等生物，故食鱼鸟类（普通鸬鹚、斑头雁、赤麻鸭、骨顶鸡等）可作为湿地鱼类生物多样性变化的指示物种。

八、鸟类资源的保护和合理的开发利用

（一）保护好保护区范围内的湿地及其邻近地区的森林植被

湿地及其邻近地区的森林植被是鸟类，特别是冬候鸟赖以生存的栖息地和觅食地。而在考察过程中，在湿地内挖沙、采石、取土坯、放牧、积肥等现象十分严重。

湿地一旦被破坏，鸟类将会因无栖身之地而消失。

（二）加强宣传教育和法制管理工作，禁止乱捕滥猎

保护区地处多民族集居区，当地居民传统以来都有狩猎习惯。对野生动物的乱捕滥猎十分严重，在考察过程中，仍见有捕猎白腹锦鸡国家二级重点保护鸟类的情况。十分有必要进一步加强宣传教育，严格执行野生动物保护法，坚决禁止乱捕滥猎现象的发生。

（三）在保护区范围内开展主要经济资源鸟类和国家重点保护鸟类种群数量变化情况的监测

保护区在一定意义上具有物种资源库的作用。鸟类种群数量在一定生境范围内是有限的。种群的大小，对物种的繁衍和保存都有重要影响。因此，在保护区范围内，选择不同生境类型的样地，作为对主要经济资源鸟类和国家重点保护鸟类进行种群数量消长情况的长期监测样地。建立起种群数量消长情况的监测数据库。探讨保护区范围内各种栖息地生境，对各种主要经济资源鸟类和国家重点保护鸟类的负载量或容纳量及其种群消长的规律，作为检查保护效果及合理开发利用经济资源鸟类的依据。

（四）合理开发利用鸟类资源

对于经济价值较高的鸟类，在不损伤当地自然野生种群的前提下，采取人工养殖或人工半养殖的途径，增殖可利用鸟类的种群数量，达到既能保护野生物种资源，又能获取经济效益的目地。

对于珍稀濒临绝种的经济资源鸟类，保护区内应该开展拯救性的人工养殖或在该物种的生境内提供充足的食物，消除不利于该物种繁衍生息的因素。

在保护区的核心区外围地带，开展观鸟旅游活动。这有利于保护自然，热爱自然和保护野生动物的宣传教育，还可适当获取一定的经济效益。

（五）向国内外鸟类工作者开放，开展合作研究

保护区管理部门应积极与国内外、省内外鸟类研究单位和学者联系，共同申请研究经费，开展有关的科学研究工作。在国民经济建设和生物科学研究领域中，使自然保护区充分发挥作用。

第五节　两栖爬行动物

一、两栖爬行动物资源

本区共有两栖动物 15 种，其中，西南区 7 种，占 46.6%；即红瘰疣螈 *Tylototriton shanging*、华西蟾蜍 *Bufo andrewsi*、华西雨蛙 *Hyla annectans*、双团棘胸蛙 *Rana yunnanensis*、滇蛙 *Rana pleuraden*。华南区 1 种，占 6.7%；即白颌角蟾 *Megophrys lateralis*。华中区 1 种，占 6.7%；即小角蟾 *Megophrys minor*。华中—华南区 6 种，占 40%；即黑眶蟾蜍 *Bufo melanostictus*、泽蛙 *Rana limnocharis*、虎纹蛙 *Rana rugulosa*、云南臭蛙 *Rana andersonii*、斑腿树蛙 *Polypedates megacephalus*、饰纹姬蛙 *Microhyla ornate*。

表 6-6 海峰自然保护区两栖动物物种名录

种名	区系从属					备注
	西南区	华南区	华中区	华中华南区	青藏区	
	1	2	3	4	5	6
两栖纲 AMPHIBIA						
有尾目 CAUDATA						
蝾螈科 Salamandridae						
红瘰蝾螈 *Tylototriton verrucosus*	○					云南特有种
无尾目 ANVRA						
锄足蟾科 Pelobatidae						
白颌大角蟾 *Megophrys lateralis*		○				
小角蟾 *Megophrys stejneger*			○			
蟾蜍科 Buionidae						
华西蟾蜍 *Bufo andrewsi*	○					
黑眶蟾蜍 *Bufo melanostictus*				○		
雨蛙科 Hylidae						
华西雨蛙 *Hyla annectans*	○					
蛙科 Ranides						
泽蛙 *Rana limnocharis*				○		
虎纹蛙 *Rana tigrina*						II
云南臭蛙 *Rana andersonii*						
滇蛙 *Rana pleuraden*	○					
昭觉林蛙 *Raba chaochiaensis*				○		
绿点湍蛙 *Amolops viridimaculatus*	○					
树蛙科 Rhacophotidae						
斑腿树蛙 *Polypedates leucomystas*	○					
姬娃科 Microhylidae						
饰纹姬娃 *Microhyla ornata*				○		

以上看出，保护区内的两栖类西南区居多，其次分布较多的是华中—华南区。从地理区划看，保护区所录的 15 种两栖动物均属东洋界。

本区共有爬行动物 17 种。其中，西南区 11 种，占 64.7%；即蚌西树蜥 *Calates kakhienensis*、云南攀蜥 *Japalura yunnanensis*、昆明攀蜥 *Japalura varcoae*、云南半叶趾虎 *Hemidactyluy yunnanensis*、细蛇蜥 *Ophisaurus gracilis*、白链蛇 *Dinodon septentrionales*、八线游蛇 *Amphiesma octolineatuw*、颈槽游蛇 *Rhabdophis nuhalis*、菜花烙铁头 *Protobothops jerdonii*、山烙铁头 *Ovophis monticoa*、竹叶青 *Trimeresurus stejuegeri*。华南区 4 种，占 23.5%；即棕背树蜥 *Calotes emma*、三索锦蛇 *Elaphe radiata*、腹斑游蛇 *Amphiesma modestum*、多线南蜥 *Mabuga multifasciata*。华中—华南区 2 种，占 11.8%；即乌龟 *Chinemys reevesii*、王锦蛇 *Elaphe carinata*。详见表 6-7。

表 6-7 海峰自然保护区爬行动物物种名录

种名	区系从属					备注
	西南区	华南区	华中区	华中华南区	青藏区	
	1	2	3	4	5	6
爬行纲 REPTILIA						
龟鳖目 TESTUDINATA						
龟科 Emydidae						
乌龟 *Chinemys reevesii*				○		
有鳞目 SQUAMATA						
鬣蜥科 Agamidae						
棕背树蜥 *Calates emma*		○				
蚌西树蜥 *Calates kakhienensis*	○					
云南龙蜥 *Japalura yunnanensis*	○					
昆明龙蜥 *Japalura varcoae*	○					
石龙子科 Scincidae						
多线南蜥 *Mabuga multifasciata*		○				
蛇蜥科 Angvidae						
细蛇蜥 *Ophisaurus gracilis*	○					
壁虎科 Gekkonidae						
云南半叶趾虎 *Hemidactyluy yunnanensis*	○					
游蛇科 Colubridae						
白链蛇 *Dinodon septentrionalis*	○					
王锦蛇 *Elaphe carinata*						
三索锦蛇 *Elaphe radiata*		○				
腹斑游蛇 *Amphiesma madesta*						
八线游蛇 *Amphiesma octolineata*	○	○				
颈槽游蛇 *Natrix nuchalis*	○					
蝰科 Viperidae						
菜花烙铁头 *Trimeresurus jerdonii*	○					
山烙铁头 *Trimeresurus monticola*	○					
竹叶青 *Trimeresurus stejnegeri*	○					

可见，区内爬行动物以西南区居多，占 64.7%；次为华南区种类，占 23.5%。从区系分布的比例看，与两栖类相比，西南区种类显著增加，而华南区、华中—华

南区种类的比例下降。

二、经济两栖、爬行动物种类

（一）国家重点保护种类

在保护区所录的 15 种两栖动物和 17 种爬行动物中，有属于国家级重点保护动物红瘰疣螈 *Tylototriton shanging*、虎纹蛙 *Rana rugulosa*。

1. 红瘰疣螈 *Tylototriton shanging*

[鉴别特征] 头顶两侧具宽厚的骨质脊棱；体侧各有一行排列规则的红色大瘰粒。

[形态] 头部扁平，头颈分界明显；头长宽几乎相等；自吻端沿吻棱部位，经上眼睑内侧主颞区有两条粗厚的脊棱，该脊棱与颞部的长形瘰粒相连；头顶正中短而低，鼻孔小，开孔于吻侧；犁骨齿呈"八"形，起于内鼻孔间中线上，后端略向外倾斜；舌近圆形。前、后肢贴体相向指、趾相交；后肢较前肢长；尾侧扁；雄性尾长于体全长的 1/2，雌性则短于体全长的 1/2；泄殖孔部隆起，呈一纵裂缝，雄者较长。

生活时体背及体侧为棕黑色；头部、脊棱两侧的瘰粒及尾部，四肢及泄殖孔周围均为棕红色。

[生活习性] 常栖于 1300~2000m 的山区山溪或静水体中，在山坡阴湿草坡草丛中，稻田附近、水沟边亦常发现。

[地理分布] 国外多分布于印度、尼泊尔、缅甸、锡金、泰国等国。在中国则仅见于云南和西藏，属特产动物。

[经济意义] 根据形状分析疣螈属动物是我国蝾螈科动物中最为原始的一个属，我国仅有 4 种疣螈，分布区域狭窄并呈间断性分布，红瘰疣螈作为我国疣螈属中的代表种类之一，具有一定的科学价值。其次，红瘰疣螈体色鲜艳，也可作为一种两栖类中的观赏动物。此外，还是一种民间的药用动物。

2. 虎纹蛙 *Rana rugulos*

[鉴别特征] 无背侧褶，背面有许多分散的长短不一的纵块棱，体侧有深色不规则斑纹；雄性有一对咽侧下外声囊。

[形态] 体大而粗壮，雌性体长超过 120mm，雄体略小；头长略大于头宽；吻端尖圆，吻棱钝，颊部向外侧倾斜；鼻间距与上眼睑宽同而大于眼间距；锄骨齿极强，呈"ㄡ"形而不相遇；舌后端缺刻深。前肢短，指亦短，指尖尖圆；后肢短，胫跗关节前达眼后方或肩部，左右跟部不相重迭或仅相遇；趾末端尖圆，趾间全蹼。

皮肤粗糙，无背侧褶，背部有长短不一、分布不十分规则的肤棱，一般相续成纵行排列。生活时背面黄绿色略带棕色，背部、头侧及体侧有深色不规则的斑纹；四肢横纹明显，腹面颜色较浅。

[生活习性] 生活于山脚下和旷野中，或水塘、水坑、稻田等静水环境中。分布海拔 900~1800m。

[地理分布] 分布广泛。国外分布于印度、尼泊尔、锡金、孟加拉、斯里兰卡、泰国、印度尼西亚、菲律宾等国；在中国分布于云南、贵州、湖北、安徽、江苏、浙江、江西、湖南、福建、台湾、广东、海南、广西等省（自治区）。

[经济意义] 虎纹蛙大量捕食昆虫，对防治虫害，增加生产起到一定的作用。此外，虎纹蛙体形较大，肉味鲜美，是一种民间喜爱的食品。

（二）经济资源种类

保护区两栖、爬行动物中的经济种类约可分为有益、食用、观赏、药用等类型。在衡量其经济价值时，不应单纯看直接的经济效益，也要看到两栖、爬行动物以昆虫和小动物为食，对消灭害虫、保护农作物、维护生态平衡起到一定作用。以直接的经济效益而论，则以经济种类的质和量相关，效益好但数量太少就难以开发利用，量虽大但经济效益甚微亦价值不大。

1. 有益种类，如两栖类中的白颌大角蟾、小角蟾、华西雨蛙、黑眶蟾蜍、泽蛙、虎纹蛙、滇蛙等；绝大多数的爬行动物均以有害昆虫或小型啮类动物为食。

2. 食用种类，如两栖类的白颌大角蟾、虎纹蛙、双团棘胸蛙等；爬行动物中的乌龟、棕背树蜥等。其中虎纹蛙、双团棘胸蛙因体大味美而备爱欢迎，但当地群众对爬行动物很少食用。

3. 药用种类，如两栖类的华西蟾蜍、黑眶蟾蜍均可制干蟾和蟾酥，治湿热散肿、无名肿毒、小儿痨瘦疳疾等症，亦是国家收购的中药材。爬行类的乌龟，其腹甲即中药龟板，具补心肾、滋阴降火、潜热退蒸等功效，又有止血、解热强壮等功效，亦是多种中药的原料之一。

第六节　昆虫资源

一、概　述

海峰自然保护区位于滇中高原区，主要河流有金沙江一级支流牛栏江，海拔分布范围较窄，在1783m（牛栏江）～2414m（大黑山）之间。保护区的气候属于亚热带高原季风气候类型，干湿季分明，冬春干凉多风，夏秋湿暖雨多。区内有滇青冈林、元江栲林、黄背栎林、光叶高山栎林、旱冬瓜林、云南松林、滇油杉林、黄杉林、灌丛、沼泽、水生植被等。

森林昆虫种类、分布、生态习性、生物学特性等都与环境条件有密切的关系。这次考察，共采集鉴定和收录昆虫11目，64科，171种，主要代表种有永仁吉松叶蜂、油杉吉松叶蜂、会泽新松叶蜂、文山松毛虫、斜纹杂毛虫、波纹杂毛虫、褐带蛾、中华金带蛾、茅莓蚁舟蛾、杨二尾舟蛾、腰带燕尾周蛾、广鹿蛾、牧鹿蛾、双四星崎齿瓢虫、黑缘光瓢虫、尖角盾蚧、桔臀纹粉蚧、红蜡蚧、云南离蚜蛉、疱步甲、花生大蟋等。

二、区 系

昆虫受云贵高原的影响，其昆虫区系与四川、贵州、广西类似，属东洋区系。东洋区系昆虫种类占有 49.1%，东洋—古北区系昆虫占 27.5%，东洋区种类占有明显优势。

表 6-8 海峰自然保护区森林昆虫地理成分

地理成分	种数	比例 %
合计	171	100.0
1. 东洋区	84	49.1
2. 东洋—古北区	47	27.5
3. 东洋—古北—澳洲区	2	1.2
4. 东洋—古北—非洲—澳洲区	2	1.2
5. 东洋—古北—非洲—新北—新热带区	1	0.6
6. 东洋—古北—非洲—新北区	3	1.8
7. 东洋—古北—新北—新热带区	1	0.6
8. 东洋—澳洲区	3	1.8
9. 东洋—古北—新北区	4	2.3
10. 东洋—古北—非洲区	2	1.2
11. 古北区	6	3.5
12. 古北—非洲区	1	0.6
13. 古北—新北	2	1.2
14. 六大区共有	8	4.7
15. 中国特有	5	2.9

三、地理成分分述

1. 昆虫区系属于东洋区系分布的有：斑腹条胸食蚜蝇 *Mesembrius bengalensis Wiedemann*、褐色毒蛾 *Lymantria pastfusca Gaede*、黄地老虎 *Agrotis segetum Schiffermuller*、广鹿蛾 *Amata emma*、牧鹿蛾 *Amata pascus*、浅翅凤蛾 *Epicopeia hainesi sinicaria Leech*、灰星尺蛾 *Arichanna jaguarinaria*、茶细蛾 *Caloptilia theivora Walsingham*、松墨天牛 M *onochamus alternatus (Hope)*、黑缘光瓢虫 *Exochomus nigromarginatus*、华脊鳃金龟 *Holotrichia (Pledina) sinensis Hope*、合欢同缘蝽 *Homoeocerus(A.) walkeri Kirby*、斑背安缘蝽 *Anoplocnemis binotata*、红背安缘蝽 *Anoplocnemis phasiana*、竹缘蝽 *Notobitus melaegris Falr*、具刺猎蝽 *Polididus armatassimus Stal*、异色巨蝽 *Eusthenes cupreus*、丽盾蝽 *Chrysocoris grandis*、麻皮蝽 *Erthesina fullo Thunberg*、黑胸散白蚁 *Reticulitermes chinensis Snyder* 等。

2. 昆虫区系属于东洋—古北区系分布的有：闪蓝丽大蜻 *Epophthalmia elegans Brauer*、碧伟蜓 *Anax parthenope julius Brauer*、东亚飞蝗 *Locusta migratoria*

manilensis、疣蝗 *Trilophidia annulata*、大刀螂 *Tenodera aridifolia* Stoll、金绿宽盾蝽 *poecilocoris lewisi*、草履硕蚧 *Drosicha corpulenta*、广大腿小蜂 *Brachymeria lasus walker*、金环胡蜂 *Vespa mandarina* Smith、伞裙追寄蝇 *Exorista civilis* Rondani 等。

3. 昆虫区系属于东洋—古北—澳洲区系分布的有：红蜻 *Crocothemis servilia* Drury、黑缘红瓢虫 *Chilocorus rubidus* Hope 等。

4. 昆虫区系属于东洋—古北—非洲—澳洲区系分布的有：东方蝼蛄 *Gryllotalpa orientalis*、非洲蝼蛄 *Gryllotalpa africana palisot de Beauvois* 等。

5. 昆虫区系属于东洋—古北—非洲—新北—新热带区系分布的有：小绿叶蝉 *Empoasca flavesoens viridis* L. 等。

6. 昆虫区系属于东洋—古北—非洲—新北区系分布的有：白翅叶蝉 *Thaia rubiginosa* Kuoh、禾谷缢管蚜 *Rhopalosiphum padi* (L.)、黄地老虎 *Agrotis segetum Schiffermuller.* 等。

7. 昆虫区系属于东洋—古北—新北—新热带区系分布的有：长白盾蚧 *Leucaspis japonica* Cockerell。

8. 昆虫区系属于东洋—澳洲区系分布的有：二双斑唇瓢虫 *Chilocorus bijugus* Mulsant、八斑和瓢虫 *Harmonia octomaculata*(Fabricius)、八斑和瓢虫 *Harmonia octomaculata* (Fabricias) 等。

9. 昆虫区系属于东洋—古北—新北区系分布的有：七星瓢虫 *Coccinella septempunctata* Linnaeus、星天牛 *A noplophora chinensis*、松纵坑切梢小蠹 *Blastophagus piniperda* L.、尖翅小卷蛾 *Bactrae lancealana* (Hubner) 等。

10. 昆虫区系属于东洋—古北—非洲区系分布的有：柏大蚜 *Cinara tujafilina*、广黑点瘤姬蜂 *Xanthopimpla naenia* Morley 等。

11. 昆虫区系属于古北区系分布的有：十二斑巧瓢虫 *Oenopia bisexnotata* (Mulsant)、奇变瓢虫 *Aiolocaria hexaspilota*、蓝绿窄吉丁 *Agrilus ussuricota* Oberberger、核桃星尺蛾 *Ophthalmodes albosignaria juglandaria*、腰带燕尾周蛾 *Harpyia lanigera* Butler、黄波罗凤蝶 *Papilio xuthus* L. 等。

12. 虫区系属于古北—非洲区系分布的有：多异瓢虫 *Hippodamia variegata*(Goeze) 等。

13. 虫区系属于古北—新北区系分布的有：白肾灰夜蛾 *Polia persicariae*、舞毒蛾 *Ocneria dispar* L. 等。

14. 昆虫区系属于六大区系分布的有：稻绿蝽黄肩型 *Nezara viridula forma torquata*、菜粉蝶 *Pieris rapas*、食蚜蝇姬蜂 *Diplozon laetatorius*、黄蜻 *Pantala flavescens* Fabricius、全瓣臀凹盾蚧 *Phenacaspis cockerelli*、蝶蛹金小蜂 *Pteromalus puparum* L.、意大利蜂 *Apis mellifera* L.、桔臂纹粉蚧 *Planococcus citri* 等。

15. 昆虫区系属于中国特有的种有思茅松毛虫 *Dendrolimus kikuchii* Matsumura、云南松毛虫 *Dendrolimus houi* Lajonquiere、广西新松叶蜂 *Neodiprion huizeensis* Xiao

et Zhou、喜马拉雅管蚜蝇 *Eristalis himalayensis* Brunetti、黑胸散白蚁 *Reticulitermes chinensis* Snyder 等。

以上统计可以看出，纯东洋区昆虫种类占到总量的 1/2 以上（包括东洋区系种和中国特有种），达 52.0%。东洋—古北种占第二位，达 27.5%。而六大区系共有种占到 4.7%。其他区系昆虫所占比例都较少。综上所述，沾益海峰自然保护区森林昆虫区系具有典型的东洋区（界）特征。

表 6-9 海峰自然保护区昆虫目数统计表

序号	目名	种数	比例（%）
	合计	174	100.0
1	蜻蜓目	5	2.9
2	直翅目	12	7.0
3	螳螂目	1	0.6
4	等翅目	3	1.8
5	半翅目	34	19.9
6	同翅目	22	12.9
7	脉翅目	1	0.6
8	鞘翅目	41	24.0
9	鳞翅目	33	19.3
10	膜翅目	15	8.8
11	双翅目	4	2.3

四、特 点

1. 鞘翅目昆虫种类在保护区内占有明显优势。从统计情况看，以目为统计单位，鞘翅目的昆虫种类较多，41 个种，占所鉴定标本的 24.6%。以科进行统计，蟀科种类和瓢虫科种类相对较多，分别为 18 种和 13 个种，占昆虫种类的 10.5% 和 7.6%。

2. 易传播和繁殖力较强的昆虫种类（如松纵坑切梢小蠹 *Blastophagus piniperda* L 和云南松毛虫 *Dendrolimus houi* Lajonquiere 数量上占有明显优势。主要原因是云南松纯林因食物的大面积集中，导致群落中个别物种（如松纵坑切梢小蠹 *Blastophagus piniperda* L）数量的异常增加。另外，处于结构简单群落中的昆虫（如云南松毛虫 *Dendrolimus houi* Lajonquiere），种群能够较快地从某个低密度水平（如化防后的虫口密度较低，被侵害林木针叶程度小于 1/3。只表现为轻微危害。）恢复到原来的高密度水平（被害针叶面能够超过 1/3 或者更高）。

另外，同翅目的云南松干蚧 *Matsucoccus yunnanenis*、云南松针蚧 *M. Yunnansonsaus*；鳞翅目的华山松梢斑螟 *Dioryctria yuennanella* Caradja、及鞘翅目瓢虫科的异色瓢虫 *Harmonia axyridis* (Pallas)、奇斑瓢虫 *Harmonia eucharis*、七星瓢虫 *Coccinella septempunctata* Linnaeus 等数量也较多。

五、分布

（一）大黑山山区

该地带主要包括海拔在 1950～2414m 范围内的大坡乡河尾大黑山和菱角乡大喷水梁子，主要植被为元江栲、滇青冈等半湿性常绿阔叶林、暖温性云南松针叶林、温凉性杜鹃（炮仗花杜鹃、大白花杜鹃为优势）、矮刺栎灌丛，主要昆虫有半翅目蝽科的丽盾蝽 *Chrysocoris grandis*、巨蝽 *Eusthenes robustus*、异色巨蝽 *Eusthenes cupreus*、长硕蝽 *Eurostus ochraceus* Montandon、角胸蝽 *Tetroda histeroides*、赛蝽 *Salvianus lunatus* 等，鞘翅目 Coleoptera 鳃金龟科 Melolonthidae 的巨角多鳃金龟 *Hecatomnus grandicornis*、华脊鳃金龟 *Holotrichia*(Pledina) *sinensis* Hope，叩头虫科血红叩头虫 *Archontas argillaceus* Fairmaire、瓢虫科 Coccinellidae 的二双斑唇瓢虫 *Chilocorus bijugus* Mulsant、异色瓢虫 *Harmonia axyridis* (Pallas)、奇斑瓢虫 *Harmonia eucharis*、十二斑巧瓢虫 *Oenopia bisexnotata* (Mulsant)、双四星崎齿瓢虫 A*fidentula bisquadripunctata*、奇变瓢虫 *Aiolocaria haxaspilota*、黑缘光瓢虫 *Exochomus nigromarginatus*、七星瓢虫 *Coccinella septempunctata* Linnaeus 等。

（二）海峰湿地

海峰湿地包括湿地以及周围山脊所形成的生态系统。湿地汇水面积为 749.9hm²，海拔 1950m，主要植被以水生植被和湿生植被为主，湿地周围又以暖性云南松针叶林及青香木、小铁子等为主。湿地系统中的主要昆虫有白翅叶蝉 *Thaia rubiginosa* Kuoh、禾谷缢管蚜 *Rhopalosiphum padi* (L.)、尖翅小卷蛾 *Bactrae lancealana* (Hubner) 闪蓝丽大蜻 *Epophthalmia elegans* Brauer、中华拟裸蝗 *Conophymaeris chinensis* Will、短角异腿蝗 *Catantops humilis brachycerus*、云南松毛虫 *Dendrolimus houi* Lajonquiere、文山松毛虫 *D.punctatus wenshanensis* Tsai et Liu、模毒蛾云南亚种 *Ymantria monacha yunnanesis* Collenette 等为主。

（三）红寨—营上半山区

该区为保护区内面积最广的地段，其总面积为 21500hm² 左右，从东到西有 22km，南北向 41km。相对海拔范围较窄，分布在 1850~2100m 之间，坝区及其周围是以滇青冈、黄毛青冈、滇石栎等为建群种的中山半湿性常绿阔叶林。主要昆虫有东亚飞蝗 *Locusta migratoria manilensis*、黑翅土白蚁 *Odontotermes formosanus* Shiraki、麻皮蝽 *Erthesina fullo* Thunberg、巨蝽 *Eusthenes robustus*、角胸蝽 *Tetroda histeroides*、四川曼蝽 *Menida szechuensis* Hsiao et Cheng、角肩真蝽 *Pentatoma angulata*、绿玉蝽 *Hoplistodera virescens* Dallas、稻绿蝽黄肩型 *Nezara viridula forma torquata*、尖角碧蝽 *Palomena unicolorella*、二色短猎蝽 *Brachytonus bicolor* China、竹缘蝽 *Notobifus melaegris* Falr、肩异缘蝽 *P terygomia humeralis*、斑背安缘蝽 *Anoplocnemis binotata*、云南岗缘蝽 *Gonocerus yunnanensis* Hsiao、斑直红蝽 *Pyrrhopeplus posthumus* Horvath、华山松球蚜 *Pineus sp.*、云南松大蚜 *Cinara piniyunnanensis*、柏大蚜 *Cinara tujafilina*、松球蚜 *Adelges spp*、云南松干蚧 *Matsucoccus yunnanenis*、云南松针蚧 *M. Yunnansonsaus*、草履硕蚧 *Drosicha corpulenta*、桔臀纹粉蚧 *Planococcus citri*、红蜡蚧 *Ceroplastes rubens* Maskell、昆明齿爪鳃金龟 *Holotrichia kunmina* Chang、华脊鳃金龟 *Holotrichia* (Pledina) *sinensis* Hope、黑缘光瓢虫 *Exochomus nigromarginatus*、松墨天牛 *Monochamus alternatus* (Hope)、松纵坑切梢小蠹 *Blastophagus piniperda* L.、松梢斑螟 *Dioryctria rubella* Hampson、华山松梢斑螟 *Dioryctria yuennanella* Caradja、云南松毛虫 *Dendrolimus houi* Lajonquiere、广鹿蛾 *Amata emma*、褐点粉灯蛾 *Aophaea phasma*、黄地老虎 *Agrotis segetum* Schiffermuller.、广西新松叶蜂 *Neodiprion huizeensis* Xiao et Zhou、斜纹夜蛾盾脸姬蜂 *Metopius* (Metopius) *rufus browni* 等。

（四）牛栏江沿线

该区分布在河尾、老天蓬相连的牛栏江一线，海拔在 1780~2050m 的范围内，主要昆虫有黑胸散白蚁 *Reticulitermes chinensis* Snyde、异色巨蝽 *Eusthenes cupreus*、长硕蝽 *Eurostus ochraceu*、赛蝽 *Salvianus lunatus* Diatant、长叶蝽 *A myntor obscurus*、锈赭缘蝽 *Ochrochira ferruginea*、宽肩达缘蝽 *Dalader planiventris*、黑龟土蝽 *Lactistes longirostris* Hsiao、白蜡蚧 *Ericerus pela*、侧皱异丽蛫 *A nomala kambaitina* Ohaus、杨梢叶甲 *Ambrostoma quadriimpressum* Motsh、血红叩头虫 *Archontas argillaceus* Fairmaire、铜绿丽金龟 *Anomala corpuleuta* Motschulsky、灰星尺蛾 *Arichanna jaguarinaria*、中华金带蛾 *Eupterote chinensis* Leech、黄体鹿蛾 *Amata sladeni* 等。

详见表 6-10。

表 6-10 海峰自然保护区森林昆虫分布及资源状况

种名	分布				主要寄主	区系
	山区	海峰湿地	半山区	牛栏江沿线		
1	2	3	4	5	6	7
一、蜻蜓目 Odonata						
1. 大蜻科 Macromidae：		+			该目以小型昆虫为食	
（1）闪蓝丽大蜻 *Epophthalmia elegans* Brauer	+	+				东、古
2. 蜓科 Aeschnidae：						
（1）碧伟蜓 *Anax parthenope julius* Brauer		+	++			东、古
3. 蜻科 Libellulidae：						

续表 6-10

种名	分布				主要寄主	区系
	山区	海峰湿地	半山区	牛栏江沿线		
1	2	3	4	5	6	7
（1）基斑蜻 *Libellula depressa* Linnaeus		+	++	+		东
（2）红蜻 *Crocothemis servilia* Drury			++	+		东，古，澳
（3）黄蜻 *Pantala flavescens* Fabricius			+	+		六区共有种
二、直翅目 Orthoptera						
占优的如蟋蟀、蝗虫、螽斯、蝼蛄，该目昆虫进行渐变态。若虫的形态、生活环境、取食习性和成虫相似。多数为植食性、少数为捕食性						
1.蝗科 Acrididae(Locustidae)						
（1）中华拟裸蝗 *Conophymaeris chinensis Will*	+	+				东
（2）昆明拟凹背蝗 *Pseudoptygonotus kunminghensis Zheng*			+			东
（3）短角异腿蝗 *Catantops humilis brachycerus*		+	+			东、古
（4）云南蝗 *Yunnanites coriacea*			+			东
（5）东亚飞蝗 *Locusta migratoria manilensis*			+			东、古
（6）疣蝗 *Trilophidia annulata*			+			东、古
（7）僧帽佛蝗 *Phlaeoba infumata* Br.－W.			+		竹	东
2.蟋蟀科 Gryllidae：						
（1）北京油葫芦 *Teleogryllus mitratus* Burmeister			+		杂食（作物树苗）	东
（2）花生大蟋 *Brachytrupes portentosus* Lichtenstaein				+		东
3.蝼蛄科 Gryllotalpidae			+			
（1）东方蝼蛄 *Gryllotalpa orientalis*					林果苗木	东，古，非，澳
（2）非洲蝼蛄 *Gryllotalpa africana palisot de Beauvois*			+			东，古，非，澳
4.螽斯科 Tettigoniidae						
（1）东方螽斯 *Tettigonia orientalis* Uvarov			+			东
三、螳螂目 Mantodea					该目为捕食性昆虫	
（1）大刀螂 *Tenodera aridifolia* Stoll						东、古
四、等翅目 Isoptera						
1.白蚁科 Termitidae						
（1）黑翅土白蚁 *Odontotermes formosanus* Shiraki	+		+	+	松、杉、桉	东
2.鼻白蚁科 Rhinotermitidae						
（1）黑胸散白蚁 *Reticulitermes chinensis* Snyder				+	桉	东，中国特有
（2）异盟长鼻白蚁 *Schedorhinotermes insolitus* Xia et He			+			东、古

种名	分布				主要寄主	区系
	山区	海峰湿地	半山区	牛栏江沿线		
1	2	3	4	5	6	7
五、半翅目 Hemiptera						
1. 蝽科 Pentatomidae：						
（1）麻皮蝽 *Erthesina fullo* Thunberg	+		+		云南松、杜鹃、栎类	东
（2）丽盾蝽 *Chrysocoris grandis*	+			+	云南松、板栗	东
（3）金绿宽盾蝽 *Poecilocoris lewisi*	+				栎类	东、古
（4）巨蝽 *Eusthenes robustus*			+		核桃	东
（5）异色巨蝽 *Eusthenes cupreus*			+	+	麻栎、桤木	东
（6）长硕蝽 *Eurostus ochraceus*				+	栎类	东
（7）角胸蝽 *Tetroda histeroides*			+		水稻	东
（8）赛蝽 *Salvianus lunatus* Diatant	+			+	桤木	东
（9）绿玉蝽 *Hoplistodera virescens* Dallas			+		云南松、桤木、栎类	东
（10）稻绿蝽黄肩型 *Nezara viridula forma torquata*			+		苹果、华山松、云南松、栎类	六大区共有
（11）四川曼蝽 *Menida szechuensis* Hsiao et Cheng	+				栎类、云南松	东、古
（12）角肩真蝽 *Pentatoma angulata*	+					东
（13）莽蝽 *P lacosternum taurus*	+				麻栎	东
（14）长叶蝽 *A myntor obscurus*				+	云南松、栎类	东
（15）岱蝽 *D alpada oculata*			+		云南松、栎类	东、古
（16）长叶岱蝽 *Dalpada jugatoria* Lethidrry			+		云南松、麻栎、樟、板栗	东
（17）尖角碧蝽 *Palomena unicolorella*			+		华山松、栎类、桤木	东
（18）云南斑须蝽 *Dolycoris indicus* Stal	+				云南松、栎类、苹果	东
猎蝽科 Reduviidae						
（1）具刺猎蝽 *Polididus armatassimus* Stal	+			+	捕食小虫	东、古
（2）二色短猎蝽 *Brachytonus bicolor* China			+		杂食	东、古
2. 缘蝽科 Coreidae						
（1）竹缘蝽 *Notobitus melaegris* Falr			+			东
（2）肩异缘蝽 *P terygomia humeralis*			+		华山松、旱冬瓜、栎类	东
（3）黑赭缘蝽 *Ochrochira fusca* Hsiao	+				栎类	东

沾益海峰自然保护区

Zhanyi Haifeng Ziran Baohuqu

续表 6-10

种名	分布				主要寄主	区系
	山区	海峰湿地	半山区	牛栏江沿线		
1	2	3	4	5	6	7
（4）锈赭缘蝽 Ochrochira ferruginea				+	云南松、华山松、苹果	东
（5）哈奇缘蝽 Derepferyx hardwickii	+		+		栎类、核桃、板栗	东、古
（6）红背安缘蝽 Anoplocnemis phasiana			+		云南松、华山松、泡桐、合欢	东
（7）斑背安缘蝽 Anoplocnemis binotata			+		云南松、杭子梢	东、古
（8）宽肩达缘蝽 Dalader planiventris				+	云南松、旱冬瓜、栎类	东
（9）合欢同缘蝽 Homoeocerus(A.) walkeri Kirby	+			+	木荷、合欢	东
（10）波原缘蝽 Copura potanini Jakovlev			+		云南松、华山松、杜鹃、栎类	东、古
（11）云南岗缘蝽 Gonocerus yunnanensis Hsiao			+		云南松、华山松、栎类	东
4. 土蝽科 Cydnidae						
（1）黑龟土蝽 Lactistes longirostris Hsiao				+		东
5. 红蝽科 Pyrrhocoridae						
（1）斑直红蝽 Pyrrhopeplus posthumus Horvath			+		锦茶科植物、栎类	东
（2）华锐红蝽 Euscopus chinensis			+		云南松	东
六、同翅目 Homoptera						
占优的如蝉、叶蝉、蚜虫、木虱、粉虱、介壳虫（蚧）等						
1. 蝉科 Cicadidae						
（1）松寒蝉 Meimuna opalofera				+		东、古
（2）南细蝉 Leptosemia sakaii			+			东
（3）草蝉 Mogannia conica Germer			+			东、古
（4）绿鸣蝉 Oncotympana virescens	+					东
2. 叶蝉科 Cicadelloidae						
（1）小绿叶蝉 Empoasca flavesoens viridis L.	+		+		大豆、茶树	东、古、非、新北、新热带
（2）白翅叶蝉 Thaia rubiginosa Kuoh		+			禾本科、竹	东、古、新北、非
3. 球蚜科 Adelgidae						

100

种名	分布				主要寄主	区系
	山区	海峰湿地	半山区	牛栏江沿线		
1	2	3	4	5	6	7
（1）华山松球蚜 *Pineus sp.*			+		华山松	东
3. 大蚜科 Lachnidae						
（1）云南松大蚜 *Cinara piniyunnanensis*			+		云南松、华山松	东、古
（2）柏大蚜 *Cinara tujafilina*			+		柏树、侧柏	东、古、非
5. 瘿绵蚜科 Pemphigidae						
（1）秋四脉绵蚜 *Tetraneura akinire* Sasaki			+			东、古
6. 硕蚧科 Margarodidae						
（1）云南松干蚧 *Matsucoccus yunnanenis*			+		云南松	东
（2）云南松针蚧 *M. Yunnansonsaus*			+		云南松	东
（3）草履硕蚧 *Drosicha corpulenta*			+		栎类、苹果	东、古
7. 盾蚧科 Diaspididae						
（1）糠片盾蚧 *Parlatoria pergandii*				+	杂食（如阔叶树、樟等）	东
（2）全瓣臀凹盾蚧 *Phenacaspis cockerelli*	+				山茶	六大区共有
（3）长白盾蚧 *Leucaspis japonica* Cockerell	+				榆、枫、槭	古、东、新北、新热带
（4）尖角盾蚧 *Fiorinia fioriniae*	+				杉木、油杉、柏、松、栎类、樟	东
8. 粉蚧科 Pseudococcidae						
（1）桔臀纹粉蚧 *Planococcus citri*			+		桑、云南松	六大区共有
9. 蜡蚧科 Coccidae						
（1）白蜡蚧 *Ericerus pela*				+	女贞、白蜡树	东、古
（2）红蜡蚧 *Ceroplastes rubens* Maskell			+		松、杉	东
10. 红蚧科 Kermococcidae						
（1）紫胶蚧 *Laccifer lacca* Kerr	+				金合欢	东、古
11. 蚜科 Aphididae						
（1）禾谷缢管蚜 *Rhopalosiphum padi* (L.)		+			莎草科，香蒲科，禾本科植物	东、古、非、新北
七、脉翅目 Neuroptera						
1. 蚁蛉科 Myrmeleontidae:						
（1）云南离蚁蛉 *Distoleon yunnanus*	+				捕食蚂蚁、蛾类和甲虫等幼虫	东、古

续表 6-10

种名	分布				主要寄主	区系
	山区	海峰湿地	半山区	牛栏江沿线		
1	2	3	4	5	6	7
八、鞘翅目 Coleoptera						
1. 步甲科 Carabidae						
（1）疤步甲 Carabus (Coptolabrus) pustulifer guerryi Born			+		软体动物如蚯蚓、蜘蛛等为食	东
2. 锹甲科 Lucanidae						
（1）巨叉锹甲 Lucanus planeti Planet			+		板栗、栎类	东、古
3. 鳃金龟科 Melolonthidae						
（1）巨角多鳃金龟 Hecatomnus grandicornis Fairmaire	+				多种阔叶树	东、古
（2）竖鳞双缺鳃金龟 D iphycerus tonkinensis Moser	+				杂木	东
（3）粉歪鳃金龟 Cyphochilus farinosus Waterhouse	+				杂木、油菜	东、古
（4）粗狭肋鳃金龟 Holotrichia(Eotrichia) scrobiculata Brenske	+				栎类	东
（5）毛臀齿爪鳃龟 Holotrichia pilipyga Chang	+				苹果	东
（6）昆明齿爪鳃金龟 Holotrichia kunmina Chang			+		云南松	东
（7）华脊鳃金龟 Holotrichia (Pledina) sinensis Hope			+		栎类、阔叶	东
4. 丽金龟科 Rutelidae						
（1）黄边长丽坡 Adoretosoma perplexum Machatschke			+		栎类	东
（2）侧皱异丽坡 A nomala kambaitina Ohaus				+	华山松、杂木	东、古
5. 花金龟科 Cetoniidae						
（1）云罗花金龟 Rhomborrhina yunnana Moser			+		栎、杂木、冬瓜	东
6 瓢虫科 Coccinellidae						
（1）黑缘红瓢虫 Chilocorus rubidus Hope			+		介壳虫、	东，古，澳
（2）多异瓢虫 Hippodamia variegata(Goeze)			+		蚜虫	古，非
（3）二双斑唇瓢虫 Chilocorus bijugus Mulsant	+				介壳虫、蚜虫	东、澳
（4）八斑和瓢虫 Harmonia octomaculata (Fabricius)					蚜虫、蓟马、叶蝉	东、澳
（5）异色瓢虫 Harmonia axyridis (Pallas)	+				介壳虫	古、东
（6）奇斑瓢虫 Harmonia eucharis	+				蚜虫	东

种名	分布				主要寄主	区系
	山区	海峰湿地	半山区	牛栏江沿线		
1	2	3	4	5	6	7
（7）十二斑巧瓢虫 Oenopia bisexnotata (Mulsant)	+				蚜虫	古
（8）二双斑唇瓢虫 Chilocorus bijugus Mulsant	+					东
（9）双四星崎齿瓢虫 Afidentula bisquadripunctata	+				植食性瓢虫	东、古
（10）奇变瓢虫 Aiolocaria hexaspilota	+				蚜虫，漆叶甲的卵	古
（11）黑缘光瓢虫 Exochomus nigromarginatus			+		蚜虫	东
（12）八斑和瓢虫 Harmonia octomaculata (Fabricias)	+					东、澳
（13）七星瓢虫 Coccinella septempunctata Linnaeus	+				蚜虫	东、古、新北
7. 叶甲科 Chrysomelidae						
（1）杨梢叶甲 Ambrostoma quadriimpressum Motsh			+		榆	东
8. 吉丁虫科 Buprestidae						
（1）中华窄吉丁 Agrilus chinensis Kerr			+			东
（2）蓝绿窄吉丁 Agrilus ussuricota Oberberger			+			古
（3）黑茸潜吉丁 Trachys fleutiauxi Ven de poll	+				苹果、核桃	东、古
9. 叩头虫科 Elateridae						
（1）血红叩头虫 Archontas argillaceus Fairmaire	+			+	华山松、核桃	东、古
10. 金龟子科 Scarabaeidae						
（11）神农蜣螂 Catharsius molossus Linnaeus				+		东
11 天牛科 Cerambycidae						
（1）竹土天牛 Dorysthenes buqueti				+	竹、栎、板栗	东
（2）红萤花天牛 E phies coccineus Gahan			+		华山松、云南松、油杉	东
（3）齿瘦花天牛 Strangalia crebrepunctata			+		油杉等	东、古
（4）栎红胸天牛 Dere thoracica White	+				栎、云、光叶石楠	东，古
（5）细条并脊天牛 G lenea sauteri Schwarzer				+		东
（6）星天牛 A noplophora chinensis			+		冬瓜木、栎树	东，古，新北
（7）松墨天牛 M onochamus alternatus (Hope)			+		华山松	东
（8）黑带拟象天牛 Agelasta yunnana Chiang	+				核桃	东
12. 象虫科 Curculionidae						

续表 6-10

种名	分布				主要寄主	区系
	山区	海峰湿地	半山区	牛栏江沿线		
1	2	3	4	5	6	7
（1）大豆高隆象 *Ergania doriae yunnanus* Heller				+	云南松、苹果	东，古
13. 小蠹科 Scolytidae						
（1）松纵坑切梢小蠹 *Blastophagus piniperda* L.			++	+		东，古，新北
九、鳞翅目 Lepidoptera						
1. 细蛾科 Hracilariidae						
（1）茶细蛾 *Caloptilia theivora* Walsingham			+			东
2. 螟蛾科 Pyralidae						东，古
（1）松梢斑螟 *Dioryctria rubella* Hampson			+		云南松、华山松	东，古
（2）华山松梢斑螟 *Dioryctria yuennanella* Caradja			+		华山松	东
3. 尺蛾科 Geometridae						
（1）核桃星尺蛾 *Ophthalmodes albosignaria juglandaria*			+		核桃	古
（2）黄尺蛾 *Sirinopteryx parallela* Wehrli			+			东
（3）灰星尺蛾 *Arichanna jaguarinaria*				+	樟	东，古
（4）豹尺蛾 *Dysphania militaris* Linnaeus	+					东
4. 凤蛾科 Epicopeiidae						
（1）浅翅凤蛾 *Epicopeia hainesi sinicaria* Leech	+				钩樟属植物	东
5. 蚕蛾科 Bombycidae						
（1）钩翅藏蚕 *Mustilia falcipennis* Walker			+			东
6. 枯叶蛾科 Lasiocampidae						
（1）云南松毛虫 *Dendrolimus houi* Lajonquiere		+	++		云南松、华山松	东
（2）思茅松毛虫 *Dendrolimus kikuchii* Matsumura			+		云、油杉、华	东，中国特有
（3）文山松毛虫 *D.punctatus wenshanensis* Tsai et Liu		+			云南松	东
（4）斜纹杂毛虫 *Cyclophragma divaricata*			+		栎类、云南松	东
（5）波纹杂毛虫 *Cyclophragma undans*			+		云南松、栎、华山松	东，古
7. 带蛾科 Eupterotidae						
（1）褐带蛾 *Palirisa cervina* Moore			+			东
（2）中华金带蛾 *Eupterote chinensis* Leech				+		东
8. 舟蛾科 Notodontidae						
（1）茅莓蚁舟蛾 *Stauropus basalis* Moore	+				茅莓、千金榆	东，古

续表 6-10

种名	分布				主要寄主	区系
	山区	海峰湿地	半山区	牛栏江沿线		
1	2	3	4	5	6	7
（2）荫羽舟蛾 *Inouella umbrise* (Leech)	+					东，古
（3）腰带燕尾周蛾 *Harpyia lanigera* Butler			+		杨、柳等阔叶树	古.
9. 鹿蛾科 Amatidae						
（1）广鹿蛾 *Amata emma*			+		茶	东
（2）牧鹿蛾 *Amata pascus*	+					东
（3）黄体鹿蛾 *Amata grotei*				+		东
10. 灯蛾科 Arctiidae						
（1）星白雪灯蛾 *Spilosoma menthastri*	+				青岗	东、古
（2）褐点粉灯蛾 *Alphaea phasma*			+		滇楸、云南松、桉	东
11. 夜蛾科 Noctuidae						
（1）黄地老虎 *Agrotis segetum* Schiffermuller.			+		广寄生，取食旱生作物苗	东、古、非、新北
（2）竹笋夜蛾 *Oligia vulgaris*			+		桦木、杨、桑	东
（3）白肾灰夜蛾 *Polia persicariae*	+					古、新北
12. 毒蛾科 Lymantriidae						
（1）模毒蛾云南亚种 *Lymantria monacha yunnanesis* Collenette		+	+		云南松、栎类、苹果	东、古
（2）舞毒蛾 *Ocneria dispar* L.	+		+		云南松	古、新北
（3）褐色毒蛾 *Lymantria pastfusca* Gaede			+			东
13. 凤蝶科 Papilionidae						
（1）黄波罗凤蝶 *Papilio xuthus* L.			+			古
14. 粉蝶科 Pieridae						
（2）菜粉蝶 *Pieris rapas*			+			六区共有
15. 卷蛾科 Tortricidae						
（1）尖翅小卷蛾 *Bactrae lancealana* (Hubner)		+			灯心草、苔、莎草的茎和根	东、古、新北
十、膜翅目 Hymenoptera						
1. 叶蜂科 Tenthredinidae						
（1）广西新松叶蜂 *Neodiprion huizeensis* Xiao et Zhou			+		云南松、华山松	东、中国特有
（2）永仁吉松叶蜂 *Gilpinia yongrenica* Xiao et Huang			+		云南松	东、古
（3）油杉吉松叶蜂 *Gilpinjia disa* Smith			+			东
2. 树蜂科 Siricidae						

续表 6-10

种名	分布				主要寄主	区系
	山区	海峰湿地	半山区	牛栏江沿线		
1	2	3	4	5	6	7
（1）东川大树蜂 *Urocerus dongchuanensis* Xiao et Wu			+		针叶树	东
3. 姬蜂科 Ichneumonidae						
（1）黑侧沟姬蜂 *Casinaria nigripes*			+		松毛虫幼虫	东、古
（2）斜纹夜蛾盾脸姬蜂 *Metopius* (Metopius) *rufus browni*			+		斜文夜蛾	东、古
（3）食蚜蝇姬蜂 *Diplozon laetatorius*					多种食蚜蝇蛹	六大区系共有种
（4）广黑点瘤姬蜂 *Xanthopimpla naenia* Morley			+		多种螟蛾等	东、非、古
4. 小蜂科 Chalcididae						
（1）广大腿小蜂 *Brachymeria lasus walker*			+		鳞翅目昆虫	东、古
5. 金小蜂科 Pteromalidae						
（1）蝶蛹金小蜂 *Pteromalus puparum* L.			+			六大区共有种
6. 蚁科 Formicidae						
（1）泰氏木工蚁 *Camponotus taylori* Forel			+			东
7. 蜜蜂总科 Apoidea						
（1）中华蜜蜂 *Apis cerana* Fabr	+	+	+			东，古
（2）意大利蜂 *Apis mellifera* L.		+	+			六大区共有种
8. 胡蜂科 Vespoidae						
（1）黑盾胡蜂 *Vespa binghami* Buysson			+			东
（2）金环胡蜂 *Vespa mandarina* Smith			+		捕食各种昆虫	东，古
十一、双翅目 Diptera						
1. 食蚜蝇科 Syrphidae						
（1）食蚜蝇 *Syrphus balteatus de* Geer				+		东
（2）斑腹条胸食蚜蝇 *Mesembrius bengalensis* Wiedemann	+				蚜虫	东
（3）喜马拉雅管蚜蝇 *Eristalis himalayensis* Brunetti	+					东云南特有
2. 寄蝇科 Tachinindae						
（1）伞裙追寄蝇 *Exorista civilis* Rondani			+		松毛虫	东，古南北优势种

六、代表种

海峰保护区森林昆虫主要代表种有永仁吉松叶蜂 *Gilpinia yongrenica* Xiao et Huang、油杉吉松叶蜂 *Gilpinjia disa* Smith、会泽新松叶蜂 *Neodiprion huizeensis* Xiao et Zhou、文山松毛虫 *D.punctatus wenshanensis* Tsai et Liu、斜纹杂毛虫 *Cyclophragma divaricata*、波纹杂毛虫 *Cyclophragma undans*、褐带蛾 *Palirisa cervina* Moore、中华金带蛾 *Eupterote chinensis* Leech、茅莓蚁舟蛾 *Stauropus basalis* Moore、杨二尾舟蛾 *Cerura menciana* Moore、腰带燕尾周蛾 *Harpyia lanigera* Butler、广鹿蛾 *Amata emma*、牧鹿蛾 *Amata pascus*、双四星崎齿瓢虫 *Afidentula bisquadripunctata*、黑缘光瓢虫 *Exochomus nigromarginatus*、尖角盾蚧 *Fiorinia fioriniae*、桔臀纹粉蚧 *Planococcus citri*、红蜡蚧 *Ceroplastes rubens* Maskell、云南离蚁蛉 *Distoleon yunnanus*、疱步甲 *Carabus* (Coptolabrus) *pustulifer guerryi* Born、花生大蟋 *Brachytrupes portentosus* Lichtenstaein 等。

七、主要昆虫种类分述

（一）云南松毛虫 *Dendrolimus houi* Lajonquiere

1.形态特征

（1）成虫：雄蛾体长 36~42mm，翅展 110~120mm。体被灰褐色鳞片及茸毛。触角双栉齿状，鞭节黄白色。前翅中室末端有一白色小点，翅面上有四条淡褐色波状横纹，并外缘线有 9 个灰黑色斑，其最后两斑连一直线与翅顶相交。后翅色泽较深，无斑纹。雄蛾体长 30~42mm，翅展 70~87mm。体色较深，斑纹与雌虫相同，唯中室小白点较清楚，触角羽毛状。

（2）卵：圆形稍扁，灰褐色，卵壳上有三条黄白色环纹，中间一条的两侧各有一小黑色圆点。

（3）幼虫：各龄期幼虫体色及体长变化很大。老熟幼虫长 90~116mm，体近黑色，腹部各节背面有一明显的倒三角形斑纹，第四、五节背面有明显的倒三色形（似蝶形）灰白色斑纹，腹背各节背面具有明显"[]"形黑斑组成背线，其边缘灰白色。

（4）蛹：纺缍形、深褐色，腹末具钩状卷曲的臀棘。

（5）习性：成虫多数在下午及夜间羽化，当晚即行交尾产卵，卵产于当年新发的稍部针叶最多。初孵幼虫有群集性，受惊后吐丝下坠。3~4 龄幼虫较活跃，受惊后则弹跳下坠。

（二）思茅松毛虫 *Dendrolimus Kikuchii* Walker

思茅松毛虫在保护区内的分布，寄主情况与云南松毛虫相一致。

1.形态特征

（1）成虫：雌虫茶褐色，触角双栉齿状，体长 38~40mm，翅展 85~110mm。翅面有 4 条黑褐色波状纹，并外缘斑列由 8 个斑点组成，各斑内侧为黄色。中室小白斑大而明显。后翅反面有两条隐约可见的黑色横纹。雄蛾色深，体较小，前面近翅基处有一大而明显的黄色近肾形斑，翅面 4 条横纹较雌虫更为明显。

（2）卵：与云南松毛虫相似、但色泽较深，卵壳具 3 条黄白色环纹，两端各具一黄白色圆环。

（3）幼虫：背线桔黄色，为倒三角形斑组成，两侧为黑褐色及黄白色相间的波纹，体侧有一明显的白色波状纵带横于气门上。老熟幼虫体长100mm左右，体呈黑褐色。

（4）蛹：长椭圆形，栗褐或黑褐色，腹末有丛生弯曲的臀棘。

5. 习性：雌虫产卵成堆于松针或油杉叶上。新孵幼虫有群集性，受惊扰后下坠或弹跳坠地。

（三）松纵坑切梢小蠹 *Blastophagus piniperda* L.

此种在保护区内数量占优，已经造成对多种松树的危害，它不仅取食衰弱木，也对健康木进行侵袭。成虫补充营养时钻蛀松树顶梢，使梢头枯黄而死，如同切梢一般，故得名。

1. 形态特征

（1）成虫：体长3.5~4.7mm，呈椭圆形，黑褐色或黑色，有光泽。触角和跗节黄褐色。前胸背板近梯形，前窄后宽。鞘翅长度约等于宽度的三倍。其上有点刻组成的明显行列6条，行列间有粒状突起和茸毛消失，并向下凹陷，雄虫特别明显。

（2）卵：长约1mm，淡黄白色，椭圆形。

（3）幼虫：长约5~6mm，乳白色，头黄色，口器深褐色。

（4）蛹：白色，长约5mm，腹部末端有一对针状突起向两侧伸出。

（5）生活史及习性：此虫在保护区一年发生一代，以成虫越冬。越冬成虫于翌年春季出垫扬飞，重新选择新鲜寄主落下，先由雌虫筑一侵入孔，侵入树皮下与边材之间咬一梭形的交配室，继而雄虫侵入交配。交配后，雌虫由交配室自下而上蛀造母坑，并同时产卵，产卵量一般为50粒左右，最多可达80粒。卵期6~8天。幼虫最早于2于上旬开始孵化，幼虫期30~50天，共5龄。蛹期10~16天，新成虫于4月中、下旬至6月中、下旬大量羽化，再行侵入新梢补充营养。

八、昆虫资源管理

为了维护和调整森林生态系统的平衡，一切森林经营管理措施必须以生态系统分析为基础，充分发挥森林生态系统的环境保护效益、害虫自然控制效益和经济效益。森林昆虫是森林生态系统的重要组成部分，它们与周围环境（生物的、非生物的）存在着密切的、不可分割的联系，包括营养（能量）联系和信息联系，而不是孤立的。它们在森林生态系统结构的形成和进化过程中起着一定的作用。根据本保护区的情况，提出如下建议：

1. 从生态学原理出发，全面考虑生态平衡、社会安全，提出"害虫"生物防治的治理措施。如在新庄、河勺、石仁、红寨等地的云南松毛虫危害针叶已超过1/3，应对其进行防治，主要采用生物防治措施，如使用浓度是每毫升一亿孢子病原白僵菌等生物制剂防治松毛虫效果良好。另外，保护天敌，利用寄生蜂，寄生蝇，招引益鸟等。

2. 不强调彻底消灭害虫，而着重于数量调节。一般含意上把昆虫分为害虫、益虫和资源昆虫。但是，害虫的概念是相对的，可变的。所谓害虫和益虫主要看它是否危害树木，因此，"害虫"一词是以人为中心定义的。害虫的危害只有起过一定的界限，才能造成危害。所以，在保护区内我们容许少量"害虫"的存在，以保护保护区内的生物多样性。

3. 强调以自然控制为基础的多种防治方法的协调和配合，尽量少用或不用化学农药。一切与自然控制力量相抵触的措施都必须尽力避免，以充分发挥生态系统的自然控制作用。

4. 进一步查清区内昆虫种类及其种群数量，详细了解昆虫种群动态，了解树木生长规律和受害损失动态。

第七章　森林资源

第一节　保护区林地面积

保护区面积26610.0hm²，其中林业用地面积20447.8hm²，占保护区总面积的76.84%，非林地面积6162.2hm²，占保护区总面积的23.16%。森林覆盖率为75.1%。

第二节　保护区林地权属

保护区林业用地面积20447.8hm²，林地所有权全部为集体所有。

第三节　保护区林地地类构成

在林业用地面积20447.8hm²中，有林地17376.1hm²，占林业用地面积的84.98%；疏林地面积110.8hm²，占林业用地面积的0.54%；灌木林地面积2495.9hm²，占林业用地面积的12.20%；未成林造林地面积68.9hm²，占林业用地面积的0.34%；宜林荒山荒地面积396.1hm²，占林业用地面积的1.94%。沾益海峰自然保护区土地利用现状见表7-1。

表7-1 沾益海峰自然保护区土地利用现状表　　　　单位：hm²

单位	合计	林地						非林地		
		乔木林地	经济林	疏林地	灌木林地	未成林地	宜林地	农地	水域	其他非林地
保护区	26610	17336.4	39.7	110.8	2495.9	68.9	396.1	5346.3	723.5	92.4
大坡乡	16665	9714.6	23.8		1954.5	51.6	236.3	4112.8	618.1	63.1
菱角乡	9945	7621.8	15.9	110.8	541.4	17.3	159.8	1343.3	105.4	29.3

第四节　森林面积蓄积

有林地17376.1hm²，活立木总蓄积677670m³；疏林地面积110.8hm²，蓄积

$1690m^3$。

有林地林分面积蓄积按龄组统计：幼龄林面积$2864.9hm^2$，蓄积$85950m^3$；中龄林面积$12181.5hm^2$，蓄积$480060m^3$；近熟林面积$1919.0hm^2$，蓄积$95950m^3$；成过熟林面积$410.7hm^2$，蓄积$15710m^3$。

表7-2 沾益海峰自然保护区森林面积蓄积统计表 单位：hm^2、m^3

统计单位	活立木总蓄积	林分各龄组面积蓄积										疏林	
		合计		幼龄林		中龄林		近熟林		成、过熟林			
		蓄积	面积	蓄积	面积	蓄积	面积	蓄积	面积	蓄积	面积	蓄积	面积
保护区	679360	677670	17376.1	85950	2864.9	480060	12181.5	95950	1919	15710	410.7	1690	110.8
		100%	100%	12.68%	16.49%	70.84%	70.1%	14.16%	11.05%	2.32%	2.36%		

第五节　森林类型面积蓄积

保护区林分面积$17376.1hm^2$，蓄积$677670m^3$；其中针叶林面积$14474.3hm^2$，占林分总面积83.3%，蓄积$587540m^3$，占林分总蓄积的86.7%；阔叶林面积$2901.8hm^2$，占林分面积16.7%，蓄积$90130m^3$，占林分总蓄积13.3%。

第六节　森林质量

保护区内以石灰岩发育的山地红壤为主，石灰岩灌丛地多，土层普遍较薄，另一种原因是由于云南松林在反复遭受破坏后次生林所占比重较大，目前较大面积的云南松林密度较小，一般在郁闭度0.60以下。形成生长率不高、林分质量差的局面。

第七节　森林资源特点

1. 森林覆盖率较高。
2. 保护区有林地占林业用地84.98%，林地利用率大。
3. 林分龄组结构以中幼林为主。
4. 森林类型以针叶林为主。
5. 森林资源单位$39 m^3 / hm^2$，单位蓄积量偏小。
6. 林分质量差。

第八节　森林生态功能等级评价

森林生态功能等级是反映森林生态功能优劣的指标，根据自然保护区生态功能等级评定要求（森林类型、林层、林分郁闭度、下木及草本盖度）和条件，按好中差三个等级对每一个林分小班生态功能等级评定。保护区森林生态功能等级评定表见表7-3。

表7-3 森林生态功能等级评定表　　　　　单位：hm²

生态功能等级	百分比%	面积合计	幼龄林	中龄林	近熟林	成过熟林
合计	100.0	17376.1	2864.9	12181.5	1919.0	410.7
好	25.3	4396.2	253.7	2477.2	1919.0	
中	44.2	7680.2	821.5	6448.0		410.7
差	30.5	5299.7	1789.7	3256.3		

评定结果：保护区森林林分面积17376.1hm²，功能等级"好"的林分面积4396.2hm²，占25.3%；功能等级"中"的林分面积7680.2hm²，占44.2%；功能等级"差"的林分面积5299.7hm²，占30.5%。保护区森林生态功能综合评价为中，可见生态功能等级一般，林分质量偏低。

第九节　综　述

森林资源是一大类综合性资源，其本身就是生物多样性和生物物种遗传基因的天然库。保护区内的森林环境使生物物种保存得较为丰富。海峰自然保护区的森林是以保护湿地为核心的森林生态系统，湿地的水质优良，草资源丰富，它为湿地鸟类、森林动物提供了生存觅食、栖息的场所，同时为拯救濒临灭绝的珍稀生物物种起到了维持生态平衡、保持生物物种多样性和珍稀物种资源的作用。属于国家二级保护的野生植物有5种，属于国家一级保护的野生动物有1种，国家二级保护的野生动物有23种；省级保护动物有2种。由此可见，森林有利于生物多样性发展和保护，对维持大自然生态平衡具有十分重要的作用。

第八章　景观资源

　　海峰自然保护区位于云南省曲靖市沾益区。由湿地与相对隆起的中山山地、峰林、峰生、孤峰及森林环境共同构成的湿地生态系统，具有较高的科研、科考价值。海峰湿地拥有山、水、林、石、洞、潭及草地为一体的喀斯特湿地景观，有"九十九山，九十九峰""云南小桂林"之誉。经过多年努力，保护区保护成效显著，生态旅游市场逐步形成，已经具备相应的生态旅游开发条件。随着社会经济的发展，如何展示保护成效，满足人们的生态需求，有效协调保护区资源保护与社区发展的关系显得尤为关键。发展生态旅游业是加速山区经济发展，促进林业可持续发展的重要战略措施，对海峰自然保护区进行生态旅游开发是增强其自养能力，实现可持续发展的有效途径，对于实现保护区保护、科研、宣教、社区发展等功能具有重要意义。

第一节　保护区的景观资源

一、山地景观

　　由于本区处于滇东高原的近核心部位，高原面上的山地高大雄伟的极少，且名山不多，但奇峰不少。区内有开发价值的大山主要有西南部的大尖山（海拔2281m）、大黑山（海拔2414m）、老尖山（海拔2254m）和东北部的大喷水山（海拔2366m），这几座山地相对高度较高，森林植被较好。另外区内还有丰富的喀斯特天坑景观及壮观的峡谷景观。

二、水域景观

　　从自然保护区的情况来看，高原面上的河流属小河上源，除下游的海子或水库可利用外，开发价值不大。牛栏江河长水急，峡谷典型，谷岸上有地下溶洞和大型涌泉。但由于可进入性条件差，待后期有条件时再开发利用。湖泊类以兰石坡海子、干海子、背海子等为有名，尤其是海峰兰石坡海子一带的峰林、山、水、湿地等，溶丘环绕，山水相应，景色优美。

三、生物景观

　　兰石坡海子西北部的石仁、岩竹村委会境内，发育有数十个竖井状天坑，这些天坑既深又大，成群分布，更为难得的是其中三个天坑内保存有地下森林，在封闭的条件下，自成为单一的生态系统，极具观赏与科研价值。还有两个天坑虽然遭受部分破坏，但其内部的森林植被仍有部分保存。

四、洞穴景观

云南谷地均有洞穴出现，有特色的也很多。海峰自然保护区的洞穴也多，具有其他洞区所少有的特色，如大佛洞，高大、幽深、多层，洞内有宽大高耸的厅堂，也有狭难通人的通道。钟乳石，高大雄伟，造型怪异，多色彩、多类型，观赏与科考价值都很大。

另外在中毛寺天坑的地下河通道中，产管状滴石，碟状及皿状抱蛋状滴石，在地下河之河滩上，还有含钙泥质石笋，若结合中毛寺天坑生态系统，可辟为生态科考旅游。

第二节　景观资源的特点

一、观赏与开发价值高

主要的景观资源如天坑生态系统和湿地生态系统的结构特异，美感度高，地貌、水体、生物等结合完美，保护与观赏价值大，有些部分可开发，部分开发又可促进整体的保护。至于溶洞、地下河以及境内的海子、水库等，同样具有较高的美学价值，特别是洞穴内的奇异钟乳石，为其他地区所少见，可开辟为配合主景点的开发项目。

二、科学价值高

自然保护区内有丰富的植物、动物（鸟类为主）资源，湿地与天坑等生态系统形成与演化又十分特异，这些资源除因美学价值高，可供观赏或极需保护外，还有较高的科学价值，对这些特殊景物的形成条件与机制，湿地与天坑的环境演化和生物体系的形成和今后发展方向等，均可供科学界进一步去研究与探索大自然的一些秘密。另外也可利用天坑这一特殊的生境条件，开辟为研究生物演化的实验场地。在不断研究中，也可能会出现一些新的科研方向与成果。由于该地的这些资源具有较强的科学研究价值，利用其本身特殊的形成机制和极强的保护价值，可广泛进行科普教育，宣传自然环境形成的复杂性，宣传人们应如何处理好人与环境的关系，如何探索大自然的秘密，如何保护好大自然赋予我们人类的宝贵财富等方面的知识。

三、环境条件好，开发前景优越

保护区位于沾益区的边缘经济欠发达地带，远离工业区，污染少，空气清新，水质好，山清水秀，森林植被覆盖率较高。在此开展旅游，环境较为舒适，可达到休闲与旅游的目的。另外，当地居民虽然经济水平略低，但居民的民风淳朴，好客朴实，乐于助人。在进行生态旅游或探险旅游时，能够得到有力的配合与帮助，使旅游者能顺利达到目的。若通过开展旅游使当地的经济水平提高，也可提高当地居民对旅游资源的保护与进行合理利用，这样对整个保护区的保护会起到保证作用。

第三节 景观资源评价

总体来讲，海峰自然保护区的景观资源丰富，类型多样，景观价值高。保护区的景观类型包括山地景观、水体景观、洞穴景观、生物景观等，其中独具特色的景观资源有：兰石坡海子湿地景观、水上石林景观、干海子湿地景观、石人景观、天坑森林景观等。可以说，沾益海峰自然保护区的景观资源是聚湖光、山色、蓝天融为一体，独具神韵的自然美景，保护区的景观资源类型齐全，内容丰富，不可多得。

一、兰石坡海子湿地

湿地中心地带位于大坡德威片区，地跨德威、法土、岩竹、地河四个村委会，核心区水域面积约为 2212hm² （33180 亩），是省内已建保护区中纬度和海拔最低、结构完整、功能齐全的喀斯特湿地生态系统，具有独特而少见的地貌结构组合。各种水生动植物丰富，主要有虾类、贝类、鲤鱼、鲫鱼、草鱼、大口鲢鱼等，为鸟类提供了最理想的觅食和栖息地，故各种候鸟、留鸟云集，有国家一级保护动物黑鹳、白鹤、黑颈鹤、林麝，二级保护动物灰鹤、鸳鸯、白琵鹭等。湿地核心区除大面积的水草地和沼泽地外，常年不干的水体有大洞塘子，毡帽箐塘子，鲤鱼塘、犀牛塘等十余个池塘以及大量的"龙潭"。区内散落着大大小小各种造型的孤峰、石林，故海峰有"九十九山、九十九潭"之称。每年汛期，四周雨水汇集，万亩坝子连成一片，峰绕水，水环山，山水相依，湖映峰影，又有"云南小桂林"之誉。

海峰主出水处在湿地西侧的犀牛塘村一带，洪水泄入地下河道，流经石仁 184m 深的"天坑"下部再由牛栏江"七彩峡谷"绝壁上的"喷口"大洞喷涌而出，经金沙江汇长江入太平洋。核心区内主要有神形极备的小石林"女儿泉"区、原"沾益区二中旧址""卡卡洞"区、"毡帽箐塘"区、神秘的"鲤鱼塘""犀牛塘"、"大洞塘"区及"城门洞"区等。整个海峰坝子聚湖光、山色、绿草、蓝天、溶洞、奇石为一体，景观资源类型齐全，内容极为丰富，移步换景，独具神韵，令人神往，为游人提供了"回归自然，返璞归真"的场所，是生态旅游、休闲观光、赏鸟览石、垂钓度假的绝佳去处。每年都吸引了数万省内外游客到此自助休闲旅游，被网友称为"云南十大仙境之一"。

二、"天坑"群及"地下森林"

海峰"天坑"群中最著名、最具代表性的有 3 个，位于石仁村委会大竹箐村西

115

北半山上，三者相距 600m 左右。一号天坑在最上部，俗称"大茅斯"，坑口呈椭圆形，最大直径约 200m，面积 0.85hm²，平均深度 152m，最深处 184m，被有关专家誉为"云南独有，全国罕见"。坑周围是色彩斑斓的悬崖绝壁，几乎全呈 90°，绝壁上间或生长着杂木。底部较平，处于全封闭状态。坑内植物覆盖率达 100%，形成一个完整的"地下森林"。据不完全统计，坑底植物有 48 科 70 属 79 种，以棕榈、金竹和各类蕨类、乔木类植物为主，属湿润常绿阔叶林，与该地区的周围区别较大，具有较高的生态学、遗传学、生物学、地质学、气象学、水文学等科研科考价值。二号天坑又称"老深坑"，坑口较小，最大直径约 20m，周围树丛茂密。三号天坑又称"小茅斯"，面积 0.51hm²，最深处 78m，平均深 54m，坑内分布 36 科、52 属、59 种植物，以樟木、木兰科植物为主，有的胸径 90cm 左右，高度 15~30m，坑中有溶洞。坑外大片大片的斑纹石或立或卧，似斑马吃草，如海象晒日，漫山遍野撒落在天坑周围数公里内，奇形怪状，蔚为壮观。天坑群及地下森林拥有较高的景观价值、科考价值及旅游价值，是开展科考游、探险游及科普教育游的理想资源。

三、牛栏江"七彩大峡谷"

牛栏江为金沙江右岸较大的一级支流。在沾益区境内，牛栏江峡谷流经大坡、菱角、德泽三个乡，上至大坡河尾村委会，下至德泽小江，全长 57km。峡谷中是一泻千里的牛栏江水，两岸多为高耸的千仞绝壁，石壁呈红、黄、白、绿、蓝、青、紫等各种色调，与岸边各种繁茂的植物和天空五彩缤纷的瑞云、彩霞交相辉映，被誉为"七彩谷"，分"天蓬谷""幽魂谷""红岩谷""空灵谷"和"仙人谷"五大景区。其中"天蓬谷""幽魂谷"和"红岩谷"从大坡河尾村经妥乐、河勺、石仁村委会至菱角棚云厅子塘村。两边悬崖高低错落有致，峡谷两岸树木茂密，古树参天，站在江底，仰面便是"一线天"，一些悬崖最大高低差达 1000m 以上，观之让人头昏目眩。江中许多大石头因水击而布满窟窿，怪异狰狞。江水冬春季平缓清澈，江底各形各色的卵石、巨石和各类水草清晰可见。

夏秋季奔腾咆哮，滚滚洪水冲击岩石和峭壁，时而飞溅出漫天水花，时而被摔得粉碎，发出震耳欲聋的轰鸣，宏伟壮观，令人心惊肉跳，是漂流、探险猎奇者的绝佳去处。江中水产丰富，各种鱼类类别繁多，形状怪异。峡谷大坡段主要有天蓬、窟窿石、鱼王洞、"喷口"等景区。在春冬季节，可泛舟在清澈的江面上，饱览大峡谷的秀丽风光。夏秋季节，可品尝江中形状独特、味道鲜美的各种鱼类，可亲自尝试拾拣鸡枞等各类野生菌的乐趣，还可领略乘皮筏在激流中飘流的惊险，也可弃舟尝试攀岩、探洞的刺激。

四、干海子湿地

位于岩竹村委会干海子和海尾巴两村之间，水域面积 600 余亩，湿地中有一小岛，岛上植物茂密。水体周围山势高峻，悬崖峭壁色彩斑斓，蔚为壮观。与距其东北部1km左右半山上如"月牙湖"般的背海子湿地遥相呼应，水体清澈，鱼虾成群，环境清幽，风景秀丽。湿地周围主要有"三山八洞一崖"，即当地人称的碧鸡山、通洞山、扎营山；蝙蝠洞、学府洞、老百洞、老鸿洞、老雄洞、老鬼洞、箕罩洞、倒洞以及险峻的岩竹倒石崖等景物，"三山八洞一崖"山险、水清、洞幽，各具特色，各著风韵，并赋予了许多神秘动听的传说故事。干海子湿地环境幽静，景观优美，适合开展休闲、度假等旅游活动。

五、原始森林

原始森林位于红寨村委会，大黑山东麓，延绵数十公里，核心区3000多亩，林中各类树木密集，硕大的树干奇形怪状，布满青苔，枝叶繁茂，遮天蔽日。数百上千株直径超过一米的参天古木令人惊叹，属于保护区重点保护区域。林内山泉汩汩，空气清幽，鸟语花香，令人心旷神怡，流连忘返，是开展森林养生、康体及休闲的最佳选择地之一。

第四节　景观资源保护

一、岩溶湿地生态系统与水资源保护

湿地有"地球之肾"的称谓，具有生物多样性富集的特点，成为有效养护生物多样性的重要地区之一。海峰湿地及其水资源是区域生态旅游发展的基础与保障，由于历史缘故和前期无序的开发与利用，在一定程度上抑制了湿地养护生物多样性的生态功能，并造成景观上的破坏。因此，在生态旅游开发与建设中，在功能分区中已确定了一定比例面积的湿地涵养保护区，要切实加强该区域的保护与监测管理，为生态旅游区提供后续涵养空间。

1. 按照生态保护和环境容量的要求，进行科学、合理的安排，禁止在海峰自然保护区的核心区、环湿地带以及面山区域内建设和开展损害生态环境、湿地景观及水资源的项目。

2. 控制污染。加强对湿地周边农田整治，减少农田面源污染，鼓励农业生态化种植及新型农业产业模式引入；加强对生态旅游开发过程的管理，制定相关奖惩制度防范资源开发利用过程中对湿地及水资源的破坏。

3. 加强植被管理与生态恢复，提高物种的丰富度和多样性，特别是在部分已破坏区域开展生态恢复，构建陆岸带、环湿地带生态环境对湿地及水资源的生态屏障。

4. 在湿地沿线及水域内建立生态环境与水文水质监测体系，开展定点定时采样、监测，建立巡查应急措施制度。

5.针对海峰湿地水资源现状,规划建议考虑补水工程建设,水源以小洞河水库(防洪水库)流域为主,同时可利用其它水系来源。

6.鼓励分散在湿地周边村庄及社区逐步实现集中居住,尤其是核心区附近社区建议搬迁至海峰旅游小镇、旅游辅助集镇及其他地区安置,核心区周边农田建议逐步实施退耕还湿,退耕还林。

二、重要地质景观保护

海峰湿地保护区地质地貌资源的保护主要是对区域内特殊的高原喀斯特地质地貌资源的保护,具体包括石芽与溶沟、溶斗(即天坑)与溶蚀洼地、峡谷景观、溶洞等方面的保护。特别是在海峰湿地保护区的西部一带,由地下河塌陷或地下洞穴塌陷呈桶状或斗状,在岩竹与石仁一带,发育成竖井状的“天坑”,其不仅在地貌学、地质学和景观生态学上极具研究价值,同时也是保护区重要的生态旅游资源。

在海峰湿地生态旅游开发过程中,严禁破坏海峰自然保护区地质景观资源的自然状态,特别是禁止生态旅游建设项目对地质地貌的损害。在有条件的地区开展展示项目或活动,应控制道路和其他设施的建设规模,采用架空的措施对地质资源进行保护。对具有保护和展示价值的七彩峡谷、天坑和溶洞资源,应在观景区域适当的范围附近安全地带安排指定线路或平台让游客观光,设立保护标识等特殊措施。

三、生物多样性保护

海峰自然保护区生物多样性保护应在保护其生态系统完整性的基础上,重点开展珍稀濒危动植物资源保护、外来生物防治以及区域受损生态系统恢复等规划。

(一)珍稀濒危植物保护

根据对海峰自然保护区资源的实地调查表明,该区域现有国家重点保护植物5种,国家重点保护动物25种,同时有大量的鸟类在海峰湿地栖息繁衍。因此,对珍稀濒危植物的保护主要是加强对物种生境的保护,严禁生态旅游开发过程中对物种生境的破坏,保证物种的自然更新。对珍稀动物的保护不仅要保护其栖息地,同时要防范人为干扰对珍稀动物生存与繁衍的直接破坏。

(二)外来生物防治

海峰自然保护区的湿地生态系统生态阀值窄、生态变幅小且脆弱,对外来干扰十分敏感。随着人为活动的增加,可能会增加外来物种入侵的风险。应采取严格的措施禁止外来生物入侵,通过收集基础数据、建立预警监控体系、加强宣传教育与执法管理等方式,并定期监测区域内外来物种的分布与扩散,避免外来物种规模化入侵对海峰自然保护区带来的生物安全问题。

(三)受损生态系统恢复

海峰自然保护区由于前期无序的开发与利用,已经在一定程度上破坏了自然保护区的生态环境。因此，在海峰自然保护区生态旅游规划过程中应积极开展受损生态系统的恢复与重建，在生态恢复与重建过程中，要遵从海峰自然保护区的自然属性，从景观、物种配置以及地质地貌保护等方面开展生态恢复可行性论证，并在此基础上开展生态系统恢复。

第九章　海峰湿地及其生态系统

　　湿地是指不问其为天然或人工，长久或暂时性的沼泽地、泥炭地或水域地带，静止或流动、淡水、半咸水、咸水体，包括低潮时水深不超过 6m 的水域。湿地常界于陆地与水体之间，兼有水、陆两者的生态功能，是多种经济功能与生态功能的独特生态系统，有着重要的应用、科学价值。

　　海峰湿地是滇东高原上由喀斯特地貌发育形成的淡水湖泊，根据拉姆萨尔《湿地公约》的分类系统划分，属湖泊湿地类中的永久性淡水湖类型，它是云南省已建保护区中纬度最低、海拔最低、保存较为完好的湿地。它以兰石坡海子湿地为核心，加上附近的干海子、背海子、黑滩河等湿地而构成，这几块湿地集中分布在 14km² 的范围内。湿地的沼泽地和水体面积有 1005hm²，其中兰石坡海子湿地有 750hm²，占整个湿地面积的 74.6%。整个湿地常年有水，水体周围分布有大片的草地，湿地四周覆盖着大片森林，再加上水体及草地中散布的各种造型独特的孤峰，组成了山清水秀、湖映峰影的自然美景。湿地水域的水位、水体面积变化受季节的影响较大，如兰石坡海子湿地，干季的水面海拔为 1950m，水体被分割成面积较小的几部分，湿季水位可上升 3 ~ 4m，分散的小水体连结成一体，这对水体的净化及湿生植物的生长起着重要的作用。湿地的水质良好，气候温暖，吸引着较多的候鸟在此越冬。湿地内生存有众多的动植物，是一个生物多样性突出的生态系统。

第一节　自然环境

海峰湿地是在特定的自然环境条件下，经各种因素的综合作用而形成的。

一、地质地貌

海峰湿地所处的地区，其地层为第四系河湖与洞穴堆积，以及古生界各系地层，露出的岩石以碳酸盐岩类的石灰岩为主。从地质构造看，它属于滇东台褶带的一部分，在地质构造运动的影响下，造成了两侧东北—西南向的相对隆升的山地，湿地则被夹持于当中。

受岩性、构造等因素的影响，湿地的地貌表现为具有一定特殊性的微地貌组合。湿地以大型的、浅的断拗洼地、断陷盆地为基本，其中有地表喀斯特的石芽、溶丘、峰林、峰丛、孤峰，及地下喀斯特的落水洞、裂隙、竖井、地下河、地下溶洞，这些微地貌共同组成了海峰湿地的特殊地貌组合。

二、气 候

海峰湿地的气候是典型的亚热带高原季风气候类型，表现为冬春干旱多风、夏秋湿暖雨多的特征，年均温为 13.8～14℃，冬季均温 8℃，全年降水量1073.5～1089.7mm，集中在湿季，湿季的降水量占全年的 87.3%。这样的气候条件，给候鸟创造了一个适宜的越冬环境。

三、水 文

海峰湿地属金沙江水系，是金沙江一级支流牛栏江流域的控制区。湿地周边的河流主要有两条——小洞河与黑滩河，这些河流较短小，地上河段与地下河段共存的特点突出，地上河河床浅，流速缓，地下河切割较深，地下洞高大顶薄坡度大，造成地下抢水的特点。湿地水域面积不大，但水质良好，水体清澈，给湿地生态系统的生物提供了良好的生境。在湿地内，有着较多的涌泉（上升泉）、龙潭，这些出水口是湿地水体的主要来源。

海峰湿地是典型的喀斯特地貌上发育形成的湿地。在高原面上，由于高原抬升的过程中，发生相对拗陷、断陷，并经侵蚀、溶蚀的作用，形成了侵蚀洼地、溶蚀盆地这种喀斯特微地貌。由于该地区是石灰岩分布面积广的喀斯特地区，地表有众多的落水洞、裂隙和竖井等，湿季大量的降水，一部分降入洼地、盆地中，而大部分被这些落水洞、裂隙、竖井等导入地下，形成丰富的地下水资源。同时，保护区内的两条主要河流——小洞河、黑滩河，都较为短小，它们的中上游在高原面上流动，而下游则转入地下河段，这两方面形成的丰富的地下水资源，在拗陷洼地和断陷盆地的边缘地带，形成涌泉（上升泉）或平流，汇集于洼地、盆地中，形成了半封闭的湖泊，其中主要的是海峰湿地。

海峰湿地的排水主要是通过落水洞，当湿地水位超过一定高度时，水经落水洞排入地下河，流入牛栏江。这种独特的自身排泄功能，使湿地能维持较为稳定的水位，使之常年有水，且有一定的涨落，给湿地内动植物的生长创造了一个良好的环境。因此，海峰湿地不但风光秀丽，是难得的景观资源，同时它也是一个生物多样性突出的生态系统。

第二节 植物资源

海峰湿地系统具有完整的生态系列。湿地系统四周的土山上具有较好的森林植被类型，如元江栲林、滇青冈林、旱冬瓜林、云南松林、滇油杉林、黄杉林等，对海峰湿地系统起到重要的涵养水源的作用。湿地系统四周的石山则生长着种类繁多的旱生植物，如火把果和带叶石楠等，秋冬两季硕果累累，可为植食性或杂植食性动物提供充足的食物来源。湿地水体的水位季节性变化，给湿生植物创造了有利的生存环境，使湿地内分布有较多的水生、湿生植物，构成湿地生态系统丰富的植物资源。

海峰湿地生态系统的植物种类丰富，植被类型多样，据初步统计，沾益海峰自然保护区湿地系统中的水生植物有 27 科，50 属，79 种。如毛茛科的小回回蒜 *Ranunculus cantoniensis*、毛茛 *Ranunculus chinensis*、石龙内 *Ranunculus sceleratus*，金鱼藻科的金鱼藻 *Ceratophyllum demersum*，蓼科的两栖蓼 *Polygonum amphibium*、辣蓼 *Polygonum hydropiper*、大马蓼 *Polygonum leptopodum*，苋科的喜旱莲子草 *Alternanthera philoxeroides*，凤仙花科的水凤仙 *Impatiens aquatilis*，千屈菜科的圆叶节节菜 *Rotala rotundifolia*，柳叶菜科的沼柳叶菜 *Epilobium blinii*，小二仙科的小二仙草 *Haloragis microantha*、狐尾藻 *Myriophyllum spicatum*，水马齿科的水马齿 *Callitriche stagnalis*，金丝桃科的地耳草 *Hypericum japonicum*，蔷薇科的地榆 *Sanguisorba officinalis*，苏木科的水皂角 *Cassia mimosoides*，伞形科的少花水芹 *Oenanthe benghalensis*、水芹 *Oenanthe javanica*、线叶水芹 *Oenanthe linearis*，菊科的水朝阳旋覆花 *Inula helianthus-aquatica*、马兰 *Kalimeris indica*、污泥千里光 *Senecio luticola*，睡菜科的杏菜 *Nymphoides peltatum*，车前草科的平前草 *Plantago depresa*、大前草 *Plantago major*，玄参科的石龙尾 *Limnophila sessiliflora*、匍生沟酸浆 *Mimulus bodinieri*、水蔓菁 *Veronica linariifolia subsp. dilatata*、蚊母草 *Veronica peregrina*、水苦买 *Veronica undulata*，狸藻科的黄花狸藻 *Utricularia aurea*，唇形科的地笋 *Lycopus lucidus*，水鳖科的黑藻 *Hydrilla verticillata*、水鳖 *Hydrocharis dubia*、海菜花 *Ottelia acuminata*、苦草 *Vallisneria natans*，泽泻科的泽泻 *Alisma plantogo-aquatica*、慈姑 *Sagittaria trifolia var. edulis*，眼子菜科的眼子菜 *Potamogeton distinctus*、光叶眼子菜 *Potamogeton lecens*、竹叶眼子菜 *Potamogeton malaianus*、浮叶眼子菜 *Potamogeton natans*、松毛叶眼子菜 *Potamogeton pectinatus*、穿叶眼子菜 *Potamogeton perfoliatus*，黄眼草科的莎状黄眼草 *Xyris capensis*、少花黄眼草 *Xyris pauciflora*，谷精草科的谷精草 *Eriocaulon buergerianum*、滇谷精草 *Eriocaulon schochianum*，灯心草科的小灯心草 *Juncus bufonius*、雅灯心草 *Juncus concinnus*、灯心草 *Juncus effusus*、江南灯心草 *Juncus leschenaultii*、野灯心草 *Juncus setchuensis*、多花地杨梅 *Luzula multiflora*，莎草科的丝叶球柱草 *Bulbostylis densa*、发秆苔草 *Carex capillacea*、异穗莎草 *Cyperus difformis*、云南莎草 *Cyperus duclouxii*、哇畔莎草 *Cyperus haspan*、碎米莎草 *Cyperus iria*、紫果蔺 *Eleocharis atropurpurea*、荸荠 *Eleocharis dulcis*、针蔺 *Eleocharis valleculosa*、牛毛毡 *Eleocharis yokoscensis*、水蜈蚣 *Kyllinga brevifolia*、红鳞扁莎 *Pycreus sanguinolentus*、百球三棱 *Scirpus rosthornii*、水毛花 *Scirpus triangulatus*、水葱 *Scirpus tabernaemontani*，禾本科的罔草 *Beckmania syzigachne*、稗子 *Echinochloa crusgalli*、六蕊稻草 *Leersia hexandra*、双穗雀稗 *Paspalum distichum*、芦苇 *Phragmites communis*、早熟禾 *Poa annua*、棒头草 *Polypogon fugax*、甜根子草 *Saccharum spontaneum* 和茭白 *Zizania cadaciflora* 等。

一、水生植物

水生植物是在植物的生命周期中始终离不开水体的植物。海峰湿地的水生植物分布有 3 种植被群落：沉水植物、浮叶扎根植物和挺水植物。

（一）沉水植物

沉水植物植物体完全浸泡在水中，根着湖底，茎叶沉于水面以下，有的花序伸出水面，有的水下开花结果，它们相互混杂在一起组成沉水植物群落。其群落主要有海菜花群落 (Form. *Ottelia acuminata*)、光叶眼子菜群落 (Form. *Potamogeton lecens*)、狐尾藻群落 (Form. *Myriophyllum spicatum*) 等，常见种类有海菜花 *Ottelia acuminata*、光叶眼子菜 *Potamogeton lecens*、竹叶眼子菜 *Potamogeton malaianus*、穿叶眼子菜 *Potamogeton perfoliatus*、狐尾藻 *Myriophyllum spicatum*、石龙尾 *Limnophila sessiliflora*、金鱼藻 *Ceratophyllum demersum* 等。其中海菜花为国家二级保护植物。

（二）浮叶扎根植物

叶浮在水面，根长在泥土里的类型属浮叶扎根植物，其群落主要以杏菜群落 (Form. *Nymphoides peltatum*) 为代表，常见种类有杏菜 *Nymphoides peltatum* 等。

（三）挺水植物

植物体的下半部分浸泡在水里，而上半部分挺立在空气中称挺水植物，在干季水位下降时，植株大部分都露出在大气中。湿地的挺水植物以水葱群落 (Form. *Scirpus tabernaemontani*) 为代表，常见种类有水葱 *Scirpus tabernaemontani*、水毛花 *Scirpus triangulatus*、泽泻 *Alisma plantogo-aquatica*、慈姑 *Sagittaria trifolia* L. var. *edulis* 等。

二、湿生植物

湿生植物有阴性湿生和阳性湿生两种类型，阴性湿生植物是植物体生长在弱光、空气潮湿的环境里，而阳性湿生植物是植物体生长在强光、土壤潮湿的环境里。海峰湿地的湿生植物属阳性湿生植物类型，即植物体的上半部分暴露于强光之中，而植物体的下半部分则生长于潮湿的沼泽土壤。

海峰湿地的湿生植物类型典型，湿生植物种类丰富，以莎草科 Cyperaceae、灯心草科 Juncaceae、谷精草科 Eriocaulaceae 和黄眼草科 Xyridaceae 的种类为主，常见种类有丝叶球柱草 *Bulbostylis densa*、异穗莎草 *Cyperus difformis*、云南莎草 *Cyperus duclouxii*、哇畔莎草 *Cyperus haspan*、紫果蔺 *Eleocharis atropurpurea*、莩

荸 *Eleocharis dulcis*、针蔺 *Eleocharis valleculosa*、牛毛毡 *Eleocharis yokoscensis*、水蜈蚣 *Kyllinga brevifolia*、红鳞扁莎 *Pycreus sanguinolentus*、百球三棱 *Scirpus rosthornii*、小灯心草 *Juncus bufonius*、雅灯心草 *Juncus concinnus*、灯心草 *Juncus effusus*、江南灯心草 *Juncus leschenaultii*、野灯心草 *Juncus setchuensis*、多花地杨梅 *Luzula multiflora*、谷精草 *Eriocaulon buergerianum*、滇谷精草 *Eriocaulon schochianum*、莎状黄眼草 *Xyris capensis* 和少花黄眼草 *Xyris pauciflora* 等。其种类的多样性在滇中高原上是绝无仅有的。

第三节　动物资源

海峰湿地生态系统的动物资源以湿地鸟类为主，还有水生动物、两栖爬行动物、昆虫等。水生动物除草鱼、鲤鱼、鲫鱼、鲢鱼四大家鱼外，还有鲶鱼及高原型多种小鱼、小虾和贝类，为湿地鸟类提供了良好的食物。两栖爬行动物主要有红瘰疣螈 *Tylototriton verrucosus*、白颌大角蟾 *Megophrys lateralis*、华西蟾蜍 *Bufo andrewsi*、泽蛙 *Rana limnocharis*、虎纹蛙 *Rana tigrina*、腹斑游蛇 *Amphiesma madesta*、八线游蛇 *Amphiesma octolineata*、颈槽游蛇 *Natrix muchalis* 等。昆虫的种类主要有白翅叶蝉 *Thaia rubiginosa* Kuoh、禾谷缢管蚜 *Rhopalosiphum padi* (L.)、尖翅小卷蛾 *Bactrae lancealana* (Hubner) 闪蓝丽大蜻 *Epophthalmia elegans* Brauer、中华拟裸蝗 *Conophymaeris chinensis* Will、短角异腿蝗 *Catantops humilis brachycerus*、模毒蛾云南亚种：*Ymantria monacha yunnanesis* Collenett 等。

湿地的气候温暖，湖泊、沼泽、草地较多，鱼虾成群，水草丰富，是鸟类良好的觅食、栖息地，因此吸引了许多鸟类在此生活，形成了湿地丰富的鸟类资源。在这次的综合考察中，对该区域的野生动物资源进行常规调查，通过访问、查阅资料记录，经鉴定、系统整理后，基本摸清海峰湿地的鸟类资源分布状况。

海峰湿地的湿地水鸟共有 49 种，隶属 10 目，15 科，从留居情况看，冬候鸟有 27 种，占 55%；留鸟有 18 种，占 37%；夏候鸟有 2 种，占 4%；旅鸟有 2 种，占 4%，湿地鸟类以冬候鸟为主，留鸟次之。在该地区繁殖的鸟类（含留鸟与夏候鸟），从区系划分上属东洋种的有 12 种，属广布种的有 8 种。湿地鸟类的种类分布为。

一、䴙䴘目 PODICIPEDIFORMES

䴙䴘目只有䴙䴘科 Podicipedidae 一个科，种类有小䴙䴘 *Podiceps ruficollis*、凤头䴙䴘 *Podiceps cristatus*。

二、鹈形目 PELECANIFORMES

鹈形目只有鸬鹚科 Phalacrocoracidae 一个科的一个种：（普通）鸬鹚

Phalacrocorax carbo。

三、鹳形目 CICONIIFORMES

1. 鹭科 Ardeidae：种类有 6 种，分别是苍鹭 *Ardea cinerea*、池鹭 *Ardeola bacchus*、牛背鹭 *Bubulcus ibis*、白鹭 *Egretta garzetta*、栗苇千干鸟 *Ixobrychus cinnamomeus*、大麻千干鸟 *Botaurus stellaris*。

2. 鹳科 Ciconiidae：只有黑鹳 *Ciconia nigra* 一个种。

3. 鹮科 Threskiornithidae：只有白琵鹭 *Platalea leucorodia* 一个种。

四、雁形目 ANSERIFORMES

雁形目只有鸭科 Anatidae 一个科，有 11 种，分别是灰雁 *Anser anser*、斑头雁 *Anser indicus*、赤麻鸭 *Tadorna ferruginea*、绿翅鸭 *Anas crecca*、绿头鸭 *Anas platyrhynchos*、斑嘴鸭 *Anas poecilorhyncha*、赤颈鸭 *Anas penelope*、琵嘴鸭 *Anas clypeata*、凤头潜鸭 *Aythya fuligula*、鸳鸯 *Aix galericulata*、普通秋沙鸭 *Mergus merganser*。

五、隼形目 FALCONIFORMES

隼形目只有鹰科 Accipitridae 一个科，有白尾鹞 *Circus cyaneus* 一个种。

六、鹤形目 GRUIFORMES

1. 鹤科 Gruidae：有 1 个种，灰鹤 *Grus grus*。

2. 秧鸡科 Rallidae：有 4 个种，蓝胸秧鸡 *Rallus striatus*、小田鸡 *Porzana pusilla*、红胸田鸡 *Porzana fusca*、白骨顶 *Fulica atra*。

七、鸻形目 CHARADRIIFORMES

1. 鸻科 Charadriidae：有 3 个种，金眶鸻 *Charadrius dubius*、凤头麦鸡 *Vanellus vanellus*、灰头麦鸡 *Vanellus cinereus*。

2. 鹬科 Scolopacidae：有 4 个种，青脚鹬 *Tringa nebularia*、白腰草鹬 *Tringa ochropus*、矶鹬 *Tringa hypoleucos*、丘鹬 *Scolopax rusticola*。

八、鸥形目 LARIFORMES

鸥形目只有鸥科 Laridae 一个科，种类有红嘴鸥 *Larus ridibundus*、棕头鸥 *Larus brunnicephalus*。

九、佛法僧目 CORACIIFORMES

佛法僧目只有翠鸟科 Alcedinidae 一个科，种类有普通翠鸟 *Alcedo atthis*、白胸翡翠 *Halcyon smyrnensis*、蓝翡翠 *Halcyon pileata*。

十、雀形目 PASSERIFORMES

（1）河乌科 Cinclidae：只有褐河乌 *Cinclus pallasii* 一个种。

（2）鹟科 Muscicapidae：种类有红尾水鸲 *Rhyacornis fuliginosus*、鹊鸲 *Copsychus saularis*、小燕尾 *Enicurus scouleri*、灰背燕尾 *Enicurus schistaceus*、黑背燕尾 *Enicurus leschenaulti*、斑背燕尾 *Enicurus maculatus*、白顶溪鸲 *Chaimarrornis leucocephalus*、紫啸鸫 *Myiophoneus caeruleus*。

在丰富的湿地鸟类资源中，有部分属于国家重点保护野生动物和具有肉用、羽用经济鸟类。其中，属于国家一级重点保护的种类有1种，即黑鹳 *Ciconia nigra*；属于国家二级重点保护的种类有4种，分别是灰鹤 *Grus grus*、白琵鹭 *Platalea leucorodia*、鸳鸯 *Aix galericulata* 和白尾鹞 *Circus cyaneus*；属于肉用、羽用经济鸟类的有6种，分别是小䴙䴘 *Taehybaptus ruficollis*、（普通）鸬鹚 *Phalacrocorax carbo*、赤麻鸭 *Tadorna ferruginea*、绿翅鸭 *Anas crecca*、斑嘴鸭 *Anas poecilorhyncha*、琵嘴鸭 *Anas clypeata*。

第四节　海峰湿地评价

一、稀有性

海峰湿地与长江中下游湖泊湿地、北方平原沼泽湿地及若尔盖高原湿地不同，其发育的地貌类型独特，分布纬度较低但海拔高，发育在夷平面陷落区的闭合湿地，并与河流、湖泊、草甸、森林一起构成了复杂多样的生境类型，在我国湿地类型中有着独特结构、独具特色的喀斯特湿地。

二、典型性

海峰湿地以兰石坡海子湿地为核心，加上附近的干海子、背海子、黑滩河等湿地而构成，这几块小湿地集中分布在 $14km^2$ 的范围内。整个湿地常年有水，水体周围分布有大片的草地，湿地四周覆盖着成片森林，再加上水体及草地中散布的各种造型独特的孤峰，组成了山清水秀、湖映峰影的自然美景。湿地水质良好，气候温暖，吸引着较多的候鸟在此越冬。湿地内生存有众多的动植物，构成了一个生物多样性突出的生态系统。

三、脆弱性

海峰湿地因受力方式和强度，以及频繁的侵蚀和堆积作用而有不稳定性，还叠加生态脆弱的岩溶环境，故而具有生态系统变异敏感度高，空间转移能力强，稳定性差等一序列生态脆弱性特征，是阈值弹性较小的一种生态脆弱环境。加之湿地周围农牧交错,尤其是湿地缓冲带,人为活动干扰强,湿地生态系统极为脆弱和不稳定。

四、生物多样性

海峰湿地生态系统的植物种类丰富,植被类型多样。从湿地系统中心水域的水生植物到四周的湿生植物、中生植物、旱生植物应有尽有。湿地系统四周的土山上具有较好的森林植被,如元江栲林、滇青冈林、旱冬瓜林、云南松林、滇油杉林、黄杉林等,对海峰湿地系统起到重要的涵养水源作用。湿地系统四周的石山则生长着种类繁多的旱生植物,如火把果和带叶石楠等,秋冬两季硕果累累,可为植食性或杂植食性动物提供充足的食物来源。湿地水体的水位季节性变化,给湿生植物创造了有利的生存环境,使湿地内分布有较多的水生、湿生植物,构成湿地生态系统丰富的植物资源。据初步统计,沾益海峰自然保护区湿地系统中仅湿地植物(包括水生植物和湿生植物)就有 27 科,50 属,79 种。其中海菜花为国家二级保护植物。

第五节 海峰湿地的保护价值

一、具有特色的滇东高原喀斯特湿地生态系统,有较高的保护价值

海峰湿地是滇东高原喀斯特地区较大的拗陷而成的淡水湖泊。以兰石坡海子湿地为核心,由干海子、背海子、黑滩河四块湿地构成,它们像一块块蔚蓝的宝石,镶嵌在群山绿海之中,环境优美,风景绮丽。仅沼泽地和水体面积就有 1005hm²,周围有较好的森林植被,有大片的草地分布。由于独特的地理位置和气候条件,致使湖水清澈,水质良好,有众多的湿生、水生动植物,保持着良好的自然面貌,形成独具特色的湿地生态系统。

海峰喀斯特湿地兼有陆生生态系统和水生生态系统的特点,具有水陆过渡性、系统脆弱性、功能多样性和结构复杂性特征;具有较大的环境功能和效益,在蓄积洪水和抗旱,调节地下水涨落,提供水资源,降解污物,净化水体和保护生物多样性等方面起着重要作用。

二、特殊的景观,具有保护价值

海峰湿地不但有突出的生物多样性,而且还蕴含着丰富的景观资源,配上蓝天、水鸟,与四周的群山绿海相映成景,构成了一幅绮丽的自然风光,独特韵味。

兰石坡海子湿地是整个海峰湿地的核心,其特点是水体浅而水域面积广,湿地中心孤峰林立,造型玲珑,有"九十九山,九十九潭"之称。在湿地内,天空蔚蓝、水映孤峰,成群的水鸟自由飞翔,湿地附近村寨少,人口稀,是旅游观光、观鸟,假日休闲的理想场所。兰石坡海子湿地的地形地貌类似桂林山水,当地群众誉为"桂林山水甲天下,湿地风光甲桂林"。

三、具有科研、科考及生态旅游价值

湿地被誉为"地球之肾"，海峰喀斯特湿地是滇东高原喀斯特地区拗陷而成的淡水湖泊，形成独具特色的湿地生态系统，喀斯特湿地研究日益成为国际和国内生态学和环境科学研究的热点问题之一。

有"九十九山，九十九潭"之称的兰石坡湿地，不论在水体或在沼泽地内，都有多座造型玲珑的孤峰散落其中，组成一幅湖映峰影，湖光山色，山、水、草、蓝天融为一体，独具神韵的自然美景，是不可多得的景观资源。在保护好湿地的前提下，可将其东部、南部的部分湿地、水面进行适度开发，使其成为一个很好的生态旅游景区。

海峰喀斯特湿地有较高的科研、科考及生态旅游价值。

第六节 海峰湿地的功能作用

海峰湿地生态系统作为一种较特殊的生态系统，有着其独特的功能，表现在6个方面。

一、提供水资源

海峰湿地对水资源的提供，主要体现为对地下水的补给与排放。在河流与降水使湿地水位高于地下水位时，湿地向地下水补给水资源，当湿地水位低于地下水位时，则吸收地下水的排放，这对日益趋紧的水资源起到保护和提供的作用。如黑滩河湿地就相对突出，它承担着附近许多村寨的生活用水及农田用水的供给。

二、蓄积洪水，缓解洪峰

海峰湿地处于低洼地，具有积水快、排水慢的特点，其本身就是一个天然的水库。湿地在短时间内能大量地蓄积洪水，而用较长的时间才将洪水排出，延缓了降雨径流或洪水流向下游的作用，保护了下游地区免受洪水的危害。

三、净化水质

低洼的海峰湿地，有利于沉积物的淀积，而这些淀积物正是水体的主要污染物。湿地的沉积作用，加上湿地水生植物对污染物的阻滞作用，使许多污染物在湿地被阻滞、沉淀，经氧化还原作用，污染物被分解消化，同时，重金属离子被水生植物吸附、固定，达到水质净化的作用。

四、保护生物多样性

海峰湿地给动植物提供了水源，湿地水体的蒸发加大了空气的湿度，给湿地生态系统中的动植物提供了一个良好的小气候环境，同时湿地对不同的动植物提供了

各自的生活领地和食物，相互之间形成了复杂的生物链，生物之间和谐共处，构成了生物繁多，物种丰富的多样性。

五、科考、旅游基地

海峰湿地有着丰富的无脊椎动物、鸟类及水生、湿生植物，具有大自然的无穷奥秘，是开展科学考察研究的理想基地，同时，风光秀丽的自然美景，也是开展生态旅游的理想场所。但是，这些经营活动都必须在保护的前提下，方可有计划地进行。

综上所述，海峰湿地有着极大的应用与科学价值，是一份价值极高的自然遗产，将湿地有效地保护起来是势在必行的。海峰湿地生态系统作为一个特殊的生态系统，在拥有极高的价值的同时，我们必须看到其脆弱的一面，不当的人为活动，将会造成湿地的一去不复返，将成为人类永远的遗憾。围湖造田、乱挖滥采（石、土）而造成破坏的前车之鉴已太多太多，愿大家都重视湿地的保护，使湿地这一专门学科得到更多的科学研究，让人类与自然和谐共处。

第十章 土地利用现状

第一节 区域土地利用现状

一、沾益区土地利用现状

根据沾益区林地保护利用规划，沾益区土地总面积281561.0hm²，其中林地总面积156797.9hm²，占55.69%；非林地124763.1hm²，占44.31%。全县林地总面积156797.9hm²，其中：有林地面积92528.3hm²，占59.01%；疏林地面积10457.1hm²，占6.67%；灌木林地面积17773.5hm²，占11.34%；未成林造林地面积28489.5hm²，占18.17%；苗圃地面积40.9hm²，占0.03%；无立木林地面积758.1hm²，占0.48%；宜林地面积6750.5hm²，占4.30%。区域土地利用情况见表10-1。

二、保护区涉及乡镇土地利用现状

保护区涉及的大坡乡土地利用现状：土地总面积48430.0hm²，其中林地总面积29321.0hm²，占60.50%；非林地19109.0hm²，占39.46%。全乡林地总面积29321.0hm²，其中：有林地面积19291.0hm²，占65.79%；疏林地面积2152.7hm²，占7.34%；灌木林地面积4586.9hm²，占15.64%；未成林造林地面积2502.7hm²，占8.54%；无立木林地面积88.9hm²，占0.31%；宜林地面积698.8hm²，占2.38%。

保护区涉及的菱角乡土地利用现状：土地总面积49485.0hm²，其中林地总面积31613.9hm²，占63.50%；非林地17871.1hm²，占36.50%。全乡林地总面积31613.9hm²，其中：有林地面积17059.0hm²，占53.96%；疏林地面积2334.4hm²，占7.38%；灌木林地面积3675.1hm²，占11.63%；未成林造林地面积6987.1hm²，占22.10%；无立木林地面积87.8hm²，占0.28%；宜林地面积1470.5hm²，占4.65%。

表10-1 沾益海峰自然保护区周边区域土地利用现状表　　单位：hm²

统计单位	林地地类构成								非林地
	林地合计	有林地	疏林地	灌木林地	未成林造林地	苗圃地	无立木林地	宜林地	
沾益区	156797.9	92528.3	10457.1	17773.5	28489.5	40.9	758.1	6750.5	124763.1

大坡乡	29321.0	19291.0	2152.7	4586.9	2502.7		88.9	698.8	19109.0
菱角乡	31613.9	17059.0	2334.4	3675.1	6987.1		87.8	1470.5	17871.1

第二节　保护区的土地现状与利用结构

一、土地的权属结构

保护区土地总面积 26610.0hm^2，土地权属全部为集体所有。

二、土地现状与利用结构

保护区面积 26610.0hm^2，其中林地面积 20447.8hm^2，占保护区总面积的 76.84%，非林地面积 6162.2hm^2，占保护区总面积的 23.16%。

在林地面积 20447.8hm^2 中，有林地 17376.1hm^2，占林地面积的 84.98%；疏林地面积 110.8hm^2，占林地面积的 0.54%；灌木林地面积 2495.9hm^2，占林地面积的 12.20%；未成林造林地面积 68.9hm^2，占林地面积的 0.34%；宜林荒山荒地面积 396.1hm^2，占林地面积的 1.94%。

在非林地面积 6162.2hm^2 中，农地面积 5346.3hm^2，占非林地面积的 86.76%；水域面积 723.5hm^2，占非林地面积的 11.74%；其他非林地（岩石裸露地）面积 92.4hm^2，占非林地面积 1.50%。沾益海峰自然保护区土地利用现状结果统计见表 10-2。

表 10-2 沾益海峰自然保护区土地利用现状表　　　单位：hm^2

统计单位	合计	土地利用现状								
		乔木林地	经济林	疏林地	灌木林地	未成林地	宜林地	农地	水域	其他非林地
保护区	26610.0	17336.4	39.7	110.8	2495.9	68.9	396.1	5346.3	723.5	92.4
大坡管护站	16665.0	9714.6	23.8		1954.5	51.6	236.3	4112.8	618.1	63.1
菱角管护站	9945.0	7621.8	15.9	110.8	541.4	17.3	159.8	1343.3	105.4	29.3

第三节 保护区各功能区的土地现状与利用结构

一、保护区功能区区划结果

根据区划依据和原则，结合沾益海峰自然保护区的保护对象和现状情况，将保护区区划为核心区、缓冲区、实验区三大功能区。区划结果：保护区面积 26610.0hm^2，区划核心区面积 2695.1hm^2，占 10.12%；区划缓冲区面积 1835.1hm^2，占 6.90%；区划实验区面积 22079.8hm^2，占 82.98%。保护区功能区划结果见表 10-3。

表 10-3 海峰自然保护区功能区区划统计表　　　　单位:hm²、%

统计单位	合计	核心区		缓冲区		实验区	
		面积	百分比	面积	百分比	面积	百分比
保护区	26610.0	2695.1	10.12	1835.1	6.90	22079.8	82.98
大坡管护站	16665.0	1939.1	11.64	917.8	5.51	13808.1	82.86
菱角管护站	9945.0	756.0	7.60	917.3	9.22	8271.7	83.17

二、保护区功能区区划结果土地现状与利用结构

保护区面积 26610.0hm²。林地面积 20447.8hm²，其中核心区林地面积 2200.3hm²、缓冲区林地面积 1823.0hm²、实验区林地面积 16424.5hm²；非林地面积 6162.2hm²，其中核心区林地面积 494.8hm²、缓冲区林地面积 12.1hm²、实验区林地面积 5655.3hm²。

表 10-4 海峰自然保护区土地利用现状表　　　　单位：hm²

功能区	合计	土地利用现状							
		有林地	疏林地	灌木林地	未成林地	无林地	农地	水域	其他非林地
保护区	26610.0	17376.1	110.8	2495.9	68.9	396.1	5346.3	723.5	92.4
核心区	2695.1	1938.0		192.5	22.5	47.3		494.8	
缓冲区	1835.1	1729.1	7.1	54.6	4.8	27.4		12.1	
实验区	22079.8	13709.0	103.7	2248.8	41.6	321.4	5346.3	216.6	92.4

第四节　保护区土地利用现状评价

保护区面积 26610.0hm²，其中林地面积占保护区总面积的 76.84%，非林地面积占保护区总面积的 23.16%。与其他保护区相比，保护区非林地比重较大，充分反映了保护区农林交错的现实情况，农林交错地方认为活动频繁，增加保护区管理的压力。

非林地主要集中分布在保护区的实验区。

第五节　保护区土地利用存在的问题

1. 保护区及周边人口较多，历史以来作为沾益粮烟生产重要区域，虽然农村经济有较大发展和提高，但多年以来形成的林粮、林烟矛盾问题仍然十分突出，由于农林交错，毁林开垦、乱占林地的现象在一些地方仍然存在，林地非正常流失时有发生。需要加强对保护区森林资源的保护管理。

2. 保护区及周边山区群众生存依赖林地，农村能源消耗对森林资源的依赖度较高，农村能源消耗森林资源等给保护区森林资源管理带来压力。需加大保护区农村

能源建设。

　　3. 集体林权制度改革后，特别是一些使用权、管理权到户的林地，部分林农认为是自家的东西，随意采伐林木、甚至毁林开地的现象依然存在。结合集体林权制度改革，强化引导，加强管理。

　　4. 保护区及周边山区群众饲养牲畜较多，周边缺乏牧地，也没有建立固定放牧制度，在保护区范围游牧，对保护区森林生态系统干扰较为强烈。需加强社区经济建设，建立健全保护区社区共管制度。

第十一章　保护区管理与建设

第一节　历史沿革

2000年11月—2001年1月，由沾益区人民政府主持，云南省林业调查规划院昆明分院、云南师范大学、云南大学、沾益区林业和草原局共同组成了沾益海峰自然保护区综合考察组，对保护区生物资源、湿地资源、天坑植物群落、地质地貌、气候、周边社会环境状况进行了较为全面的科学考察。

2000年11月根据综合考察成果资料，曲靖市人民政府作出相关请示，申报建立云南沾益海峰省级自然保护区。

2001年5月云南省林业调查规划院昆明分院及沾益区林业和草原局编制完成了《云南省沾益海峰自然保护区综合考察报告》。

2002年5月13日云南省人民政府印发《关于建立沾益海峰等八个省级自然保护区的批复》云政复〔2002〕48号批准建立云南沾益海峰省级自然保护区，2004年5月13日取得《中华人民共和国组织机构代码证》，保护区取得了省级自然保护区合法的存在地位。

根据2004年9月13日沾益区人民政府《关于对县林业和草原局＜关于建立珠江源自然保护区和海峰湿地自然保护区森林公安派出所的请示＞的批复》，成立了沾益海峰自然保护区森林公安派出所。

2005年5月16日沾益区机构编制委员会《关于下达海峰湿地自然保护区管理局人员编制的批复》（沾机编〔2005〕31号）。

2006年3月编制完成《云南海峰自然保护区喀斯特湿地恢复工程建设项目可行性研究报告》。

2007年7月完成《云南沾益海峰省级自然保护区总体规划（2008—2015年）》编制工作。

2008年云南省人民政府印发（云政复〔2008〕60号）文件对《云南沾益海峰省级自然保护区总体规划（2008—2015年）》进行批复。

2016年曲靖市机构编制委员会以（曲编〔2016〕131号）文件批复同意设置"沾益海峰省级自然保护区管护局"，为市林业和草原局管理的财政拨款事业单位，公益一类，机构规格副处级；核定事业编制 27 名，其中局机关 15 名，下设机构 12 名；设 4 个内设机构（副科级）：办公室、资源管理科、监测科、生态旅游管理科；2 个管护站（副科级）：大坡管护站（事业编制 7 名）、菱角管护站（事业编制 5 名）。设局长 1 名（副处级），副局长 2 名（正科级），副科级领导职数 6 名。截至 2021 年，管护局实有编制 24 名（管护局 17 人、大坡管护站 4 人、菱角管护站 3 人）。

2017 年 3 月，云南省人民政府以"云政复 [2017]17 号"文件批复海峰自然保护区功能区调整，调整后海峰自然保护区、核心区面积不变，缓冲区面积由 1823.9hm² 调整为 1835.1hm²，实验区面积由 22091.0hm² 调整为 22079.8hm²。

第二节 保护区范围、保护对象、类型、性质

一、保护区的范围

云南沾益海峰省级自然保护区位于曲靖市沾益区西部，其地理位置介于东经 103°29′36.6″ ～ 103°43′19.7″，北纬 25°35′5.7″ ～ 25°57′19.7″。

该保护区的集体范围：东起大坡乡的赤章村附近，西至沾益区与寻甸县交界处的牛栏江江边；南自大坡乡红寨的青山垭口，北至菱角乡的白沙坡到西泽乡的公路边。其四邻是：东靠珠江、金沙江分水岭，西临金沙江支流牛栏江，南接沾益、寻甸、马龙三县边界，北与宣威市相连。整个自然保护区呈"海马"形，在平面图上为东西窄，南北长。云南沾益海峰省级自然保护区涉及沾益区大坡、菱角 2 个乡的 16 个村委会。范围涉及大坡乡的岩竹、石仁、地河、法土、德威、河勺、妥乐、河尾、红寨、麻拉 10 个村委会，以及菱角乡的赤章、菱角、块所、棚云、稻堆、白沙坡 6 个村委会。

总体规划的保护区范围面积为 26610.0hm²，其中涉及大坡乡范围面积 16665.0hm²，菱角乡范围面积 9945.0hm²。

二、保护对象

根据综合考察与评价，沾益海峰省级自然保护区的主要保护对象是：

（一）岩溶湿地生态系统

云南沾益海峰省级自然保护区以兰石坡海子湿地为核心，加上附近的干海子、背海子、黑滩河水库等湿地。

（二）特殊的岩溶"天坑"森林

分布较集中的大型竖井型、漏斗型塌陷天坑，其底部形成的地下森林属于湿性常绿阔叶林。

（三）多种珍稀野生动植物种类及其栖息环境

1.重点保护植物：国家二级保护种黄杉、扇蕨、中国蕨、海菜花，还有国家二

级保护真菌松茸。其中海菜花仅分布于湿地。

2.重点保护动物：国家一级保护种黑颈鹤、黑鹳、林麝；国家二级保护种斑羚、穿山甲、猕猴、白腹锦鸡、金猫、灰鹤、鸳鸯、白琵鹭、黑翅鸢、红隼、白尾鹞、黄爪隼、黑鸢、雀鹰、普通鵟、灰林鸮、草鸮、灰头鹦鹉、松雀鹰、凤头鹰、虎纹蛙、红瘰疣螈共 23 种。还有云南珍贵种斑头雁及灰雁。分布在湿地的水禽有 50 种，其中一级保护的 2 种，二级保护的 3 种，云南珍贵种 2 种。

三、自然保护区类型

云南沾益海峰省级自然保护区是经云南省人民政府批准的省级自然保护区，为保护湿地生态系统而依法划出的一定面积的陆地与水域，予以特殊保护和管理的区域。根据《自然保护区类型与级别划分原则》（GB/T 14529—93），云南沾益海峰省级自然保护区属于自然生态系统类别中的湿地生态系统类型的自然保护区。

四、保护区性质

沾益海峰省级自然保护区，属曲靖市林业和草原局管理的财政拨款的公益一类事业单位。

第三节　保护区功能区划

一、保护区功能区划布局

根据保护对象分布情况、保护区功能区划原则和依据将保护区区划为：核心区、缓冲区和实验区。

（一）核心区

将保护区内被保护对象具备典型代表性并保存相对完好的喀斯特湿地兰石坡海子、大毛寺"天坑"森林（面积 1.0hm^2），以及珍稀保护动植物集中分布地区划为核心区。

（二）缓冲区

为更好地保护核心区不受外界的干扰和破坏，起到缓冲的作用，在核心区周围划出一定面积作为缓冲区。

（三）实验区

保护区除核心区、缓冲区外的区域均为实验区。

功能区区划布局见《云南沾益海峰省级自然保护区功能区划图》。

二、功能区区划结果

根据区划依据和原则，结合沾益海峰自然保护区的保护对象和现状情况，将保护区区划为核心区、缓冲区、实验区三大功能区。区划结果：保护区面积

26610.0hm^2，区划核心区面积 2695.1hm^2，占 10.12%；区划缓冲区面积 1835.1hm^2，占 6.90%；区划实验区面积 22079.8hm^2，占 82.98%。保护区功能区划结果见表 10-11。

表 10-11 海峰自然保护区功能区区划结果统计表　　单位：hm^2、%

统计单位	合计	核心区		缓冲区		实验区	
		面积	百分比	面积	百分比	面积	百分比
保护区	26610.0	2695.1	10.12	1835.1	6.90	22079.8	82.98
大坡管护站	16665.0	1939.1	11.64	917.8	5.51	13808.1	82.86
菱角管护站	9945.0	756.0	7.60	917.3	9.22	8271.7	83.17

第四节　保护区综合评价

一、生态质量评价

（一）保护区的典型性

云南沾益海峰省级自然保护区的湿地以兰石坡海子湿地为核心，加上附近的干海子、背海子等湿地而构成，这几块小湿地集中分布在 14km^2 的范围内。整个湿地常年有水，水体周围分布有大片的草地，湿地四周覆盖着成片森林，再加上水体及草地中散布的各种造型独特的孤峰，组成了山清水秀、湖映峰影的自然美景。湿地水质良好，气候温暖，吸引着较多的候鸟在此越冬。湿地内生存有众多的动植物，构成了一个典型的高原岩溶区生态系统。

（二）保护区的脆弱性

云南沾益海峰省级自然保护区的湿地因受力方式和强度，以及频繁的侵蚀和堆积作用而有不稳定性，还叠加生态脆弱的岩溶环境，故而具有生态系统变异敏感度高，空间转移能力强，稳定性差等一系列生态脆弱性特征，是阈值弹性较小的一种生态脆弱环境。加之湿地周围农牧交错，尤其是湿地缓冲带，人为活动干扰强，湿地生态系统极为脆弱和不稳定。一旦被破坏，极难恢复。湿地依赖森林而存在，只要森林消亡，湿地也将逐渐消失。

（三）保护区的生物多样性

云南沾益海峰省级自然保护区的湿地生态系统的植物种类丰富，植被类型多样。从湿地系统中心水域的水生植物到四周的湿生植物、中生植物、旱生植物均有分布。湿地系统四周的土山上具有较好的森林植被，如元江栲林、滇青冈林、旱冬瓜林、云南松林、滇油杉林、黄杉林等，对海峰湿地系统起到重要的涵养水源作用。湿地系统四周的石山则生长着种类繁多的旱生植物，如火把果和带叶石楠等，秋冬两季硕果累累，可为植食性或杂植食性动物提供充足的食物来源。湿地水体的水位季节性变化，给湿生植物创造了有利的生存环境，使湿地内分布有较多的水生、湿生植物，构成湿地生态系统丰富的植物资源。据初步统计，沾益海峰自然保护区湿地系统中仅湿地植物（包括水生植物和湿生植物）就有 27 科，50 属，79 种。其中海菜花为国家二级保护植物。

海峰湿地生态系统的动物资源以湿地鸟类为主，还有水生动物、两栖爬行动物、昆虫以及湿地边缘一些兽类。水生动物除草鱼、鲤鱼、鲫鱼、鲢鱼外，还有鲶鱼及高原型多种小鱼、小虾和贝类，为湿地鸟类提供了良好的食物。海峰湿地的湿地水鸟共有 50 种，隶属 10 目，15 科，从留居情况看，冬候鸟有 28 种，占 56%；留鸟有 18 种，占 36%；夏候鸟有 2 种，占 4%；旅鸟有 2 种，占 4%，湿地鸟类以冬候鸟为主，留鸟次之。在该地区繁殖的鸟类（含留鸟与夏候鸟），从区系划分上属东洋种的有 12 种，属广布种的有 8 种。

在丰富的湿地鸟类资源中，有部分属于国家重点保护野生动物和具有肉用、羽用经济鸟类。其中，属于国家一级重点保护的种类有 2 种，属于国家二级重点保护的种类有 4 种。

（四）保护区的稀有性

云南沾益海峰省级自然保护区的湿地与长江中下游湖泊湿地、北方平原沼泽湿地及若尔盖高原湿地不同，其发育的地貌类型独特，分布纬度较低但海拔高，发育在夷平面陷落区的闭合湿地，并与河流、湖泊、草甸、森林一起构成了复杂多样的生境类型，在我国湿地类型中有着独特结构、独具特色的喀斯特湿地。

（五）保护区的自然性和完整性

该区域由于历史上开发较早，保护区周边村庄、农地、道路分布较多，人口密度较大，致使保护区人为活动频繁，人为干扰较大，保护区的自然性较差。

由于非保护对象（村庄、农地、道路等）对保护区的分割，保护区地域上的完整性较差。

二、保护区经济评价

（一）保护区资源的经济价值评价

1. 生物资源是人类社会的财富

根据"综考"，沾益海峰省级自然保护区拥有大量的生物资源，是大自然给我们留下的不可多得的天然本底资源，这些生物物种基因及其自然环境资源是人类社会的财富。

2. 景观资源对社会的贡献

云南沾益海峰省级自然保护区的景观资源丰富：包括山地景观、水体景观、洞穴景观、生物景观等。独具特色的景观资源有：兰石坡海子湿地景观、干海子湿地景观、石人景观、天坑森林景观等。可以说，沾益海峰省级自然保护区的景观资源是聚湖光、山色、蓝天融为一体，独具神韵的自然美景，保护区的景观资源类型齐全，内容丰富，不可多得。

（二）保护区周边经济水平评价

据保护区初建时（2006年统计资料），保护区周边村寨国民生产总值为17070万元。其中：第一产业448万元，占生产总值的2.63%；第二产业14597万元，占85.51%；第三产业为2025万元，占国内生产总值的11.86%。人均纯收入2650元，保护区周边社区，以第二产业为主，第二产业中是以农业为主。农业又以种植业和养殖业为主体产业。种植业主要生产水稻、玉米、小麦、马铃薯、豆类等，养殖业也较发达。

三、保护区保护价值

（一）具有特色的滇东高原喀斯特湿地生态系统，有较高的保护价值

保护区内的海峰湿地是滇东高原喀斯特地区较大的拗陷而成的淡水湖泊。以兰石坡海子湿地为核心，由干海子、背海子三块湿地构成，它们像一块块蔚蓝的宝石，镶嵌在群山绿海之中，环境优美，风景琦丽。仅沼泽地和水体面积就有583.9hm2，周围有较好的森林植被，有大片的草地分布。由于独特的地质地貌和气候条件，致使湖水清澈，水质良好，有丰富的湿生、水生动植物，保持着良好的自然面貌，形成独具特色的湿地生态系统。

海峰喀斯特湿地兼有陆地生态系统和水生生态系统的特点，具有水陆过渡性、系统脆弱性、功能多样性和结构复杂性特征；具有较大的环境功能和效益，在蓄积洪水和抗旱，调节地下水涨落，提供水资源，降解污物，净化水体和保护生物多样性等方面起着重要作用。

（二）科研、科考及生态旅游价值

湿地被誉为"地球之肾"，保护区内的海峰喀斯特湿地是滇东高原喀斯特地区拗陷而成的淡水湖泊，形成独具特色的湿地生态系统，喀斯特湿地研究日益成为国际和国内生态学和环境科学研究的热点之一。

有"九十九山，九十九潭"之称的兰石坡湿地，不论在水体或在沼泽地内，都有多座造型玲珑的孤峰散落其中，组成一幅水水涟峰影，湖光山色，山、水、草、蓝天融为一体，独具神韵的自然美景，是不可多得的景观资源。

保护区内还有多处溶洞、地下河、落水洞及竖井状、漏斗状塌陷天坑等地下喀斯特地貌，特别是大型天坑内，因其特殊的生境条件而形成特殊的植物群落——地下森林，成为滇中、滇东地区特有的森林类型，这些天坑群分布之集中，面积之大，深度之深，其底部形成的地下森林，是省内独有的，在国内外实属罕见，具有极大的科研价值。

（三）保护野生动植物的珍稀濒危物种，对其栖息地和繁殖地环境与物种生存关系的研究有重要的作用

1. 植物重点保护：国家二级保护种黄杉、扇蕨、中国蕨、海菜花，还有国家二

级保护真菌松茸。其中海菜花仅分布于湿地。

2.动物重点保护：国家一级保护种黑颈鹤、黑鹳、林麝；国家二级保护种斑羚、穿山甲、猕猴、白腹锦鸡、金猫、灰鹤、鸳鸯、白琵鹭、黑翅鸢、红隼、白尾鹞、黄爪隼、黑鸢、雀鹰、普通鵟、灰林鸮、草鸮、灰头鹦鹉、松雀鹰、凤头鹰、虎纹蛙、红瘰疣螈共23种。还有云南珍贵种斑头雁及灰雁。分布在湿地的水禽有50种，其中一级保护的2种，二级保护的3种，云南珍贵种2种。

上述独具特色的自然资源，不仅有着巨大的经济和旅游价值，而且有很高的科研、科考价值和较高的保护价值。

第五节　保护区的管理目标

一、总体目标

自然保护区坚持以自然资源、自然环境保护为中心，以确保被保护对象的安全、稳定、自然生长与发展，坚持实行社区共管，积极开展科学研究，探索合理利用，将保护区建设成为集保护、科研、宣教和利用为一体的综合型、开放式保护体系，促进自然保护事业和当地社区的可持续发展。

通过全面规划，建立和完善自然保护区管理体系和管理制度，提高管理能力，制定科学的保护管理措施，逐步增加管护设施设备，不断提高管理水平和自养能力，积极开展科学研究与社区共管，把云南沾益海峰省级自然保护区建设成为以保护岩溶湿地生态系统、岩溶"天坑"森林和多种珍稀野生动植物种类及其栖息环境为主，集湿地（水源）保护、生态保护、科学研究、科普教育、生态旅游等多功能为一体的自然保护区，合理利用自然资源，充分发挥保护区多效益、多功能作用，促进自然保护区和当地社区的协调发展。

二、前期目标

1.完善管理机构、建立保护区队伍，制定保护区管理办法和保护区管护局岗位职责管理制度，使保护区管理和职工岗位管理有章可行。

2.完成保护区基础设施建设，主要是管护局、管护站（点）建设，保护区界桩布设和其它基础设施建设。

3.完善保护管理规章制度，实行对保护区的综合管理，在保护区内逐年减少以至杜绝破坏森林及其生态系统的行为，增加生物物种，尤其是珍稀濒危物种种群数量，使保护区的保护对象得到有效保护。

4.加强科普教育，推行社区共管，实施社区示范试验工程，合理开发种植业、养殖业，引导周边社区居民发展生产，增加经济收入，改善生产生活条件，促进社区经济与保护区协调发展。

5. 编制保护区管理计划，规范、有序指导保护区的建设和管理。

三、中后期目标

1. 继续完善保护设施设备，实现保护区保护科学、规范管理。

2. 建立完善的科研机构，协调科研力量，创造良好的科研条件和科研体系，开展各项试验示范和综合性研究，把保护区建设成为科研、教学的重要基地。

3. 建立生物多样性与自然保护管理信息网络，建立各种资源的数据库，包括主要保护对象的物种基因和生物特性等。

4. 加强与国内科研、教学机构的交流与合作，充分发挥保护区的资源优势和区位特点，多渠道争取资金，开展科研建设项目。

5. 积极开展生态旅游，搞活经济，提高自然保护的综合效益和保护区的自养能力，促进生态环境的改善和社区发展。

第六节 保护区机构设置与人员编制

根据《地方各级人民政府机构设置和编制管理条例》和《云南省机构编制管理条例》中的有关规定，除机构编制管理部门外，各部门不能在各种法规、规范性文件、规划、意见中涉及具体机构编制事宜，凡涉及机构编制管理的问题，应单独行文报机构编制管理部门审批。

按照事业单位机构编制管理"统一领导，分级管理"的原则，云南省沾益海峰省级自然保护区机构设置和人员编制最终由沾益区编制部门根据保护区的实施情况，以及当地经济发展状况和政府财政承受能力进行审定。但根据《自然保护区总体规划技术规程》《自然保护工程项性和自然保护区建设管理》的需要出发，本规划对保护区机构设置和人员编制进行技术性规划，以便沾益区编制部门参考。

一、机构设置原则

（1）坚持"精简、效能、统一"和"定岗、定职、定员"的机构编制管理原则。

（2）实行"分级管理，统一领导"的原则。

（3）机构人员岗位遵循合理安排，有利于开展"保护、管理、科研、宣教、经营"的原则。

二、机构设置

（一）组织机构名称

沾益海峰省级自然保护区管护局。

（二）机构性质、隶属关系和行政级别

机构性质：为曲靖市财政全款拨款事业单位，公益一类。

隶属关系：隶属曲靖市林业和草原局领导，业务上受云南省林业和草原局指导。

行政级别：副处级。

（三）内部管理及职能机构关系

自然保护区实行管护局、管护站二级管理。保护区管护局内，设办公室、资源保护科、监测科、生态旅游管理科、森林派出所 5 个职能部门。

在保护区管护局设立森林派出所，为沾益区森林公安分局派出机构，行政上受曲靖市森林公安分局和自然保护区管护局领导。

详见图 11-1。

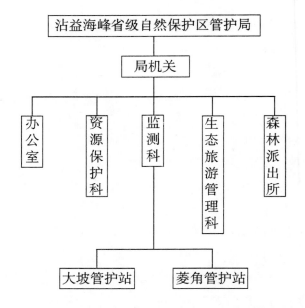

图 11-1 沾益海峰省级自然保护区组织机构设置图

三、人员编制

云南沾益海峰省级自然保护区规划人员编制 34 人，是参照国家林业和草原局《自然保护工程项目建设标准》（试行）第二十五条的要求控制，一般地区的小型保护区编制为 20 ~ 50 人。党群工会等组织原则上不配备专职人员，由管理人员兼任。后勤人员可由招聘合同工解决，不配备专职汽车司机。

编制定员为 34 人，其中：局机关 19 人，占总编制的 55.88%，管护站 15 人，占总编制的 44.12%。

（一）管护局人员编制

根据人员编制原则和管理实际要求，局机关定岗编制 19 人。

（二）管护站人员编制

保护区设立 2 个管护站。定岗编制 15 人。

表 11-2 管护局局机关人员编制表　　　　　　单位：人

部门	定员	岗位
局长、副局长	3	局长 1 人、副局长 2 人
办公室	3	主任 1 人、文书 1 人、会计 1 人、出纳 1 人
资源保护科	3	科长 1 人、保护及检疫 2 人
监测科	3	科长 1 人、科研监测及档案 2 人
生态旅游管理科	3	科长 1、社区发展及宣传 2 人
森林派出所	4	所长 1 人、干警 3 人
合计	19	

表 11-3 管护站编制表　　　　　　单位：人

站名	定员	岗位
菱角管护站	6	站长 1 人、技术人员 5 人
大坡管护站	9	站长 1 人、技术人员 8 人
合计	15	

（三）聘请巡护人员

为了对保护区进行有效管理，需聘请保护区周边社区有一定文化基础、热爱保护事业、责任心强、熟悉保护区地形、道路的村民，通过业务培训，作为保护区的巡护人员，按面积承包，制定巡护汇报制度，奖惩制度，引导村民参与保护区的管理，达到社区共管。

根据管理任务，按各管护站实际管辖的面积聘请巡护人员进行自然保护区的巡护工作。大坡管护站需聘请 23 人，菱角管护站需聘请 15 人。

表 11-4 巡护林人员编制表　　　　　　单位：人、hm^2

项目	合计	大坡管护站	菱角管护站
管辖面积	26610.0	16665.0	9945.0
护林员人数	38	23	15

四、组织机构的任务、作用和职能

（一）管护局的任务、作用和职能

1. 管护局的任务

（1）贯彻执行国家有关自然保护区的法律、法规、方针和政策，加强管理，开展宣传教育。接受上级主管部门的领导，采取各种措施对保护区自然资源进行有效管理和保护。

（2）建立健全管理机构，改进管理，提高效率，有效的组织管理管护局、管护站、森林公安派出所及周边社区共管小组充分发挥各自的积极作用，实现规定的管理目标，并负责指导、监督检查下属机构的工作。

2.管护局的作用

（1）协调地方政府、周边社区与保护区之间的关系，确保上级有关保护区工作的贯彻执行。

（2）搞好保护区的组织管理，充分发挥保护区科研与科普教育的基地作用。

（3）对公众进行保护意识教育。

3.管护局的职能

（1）负责保护沾益海峰省级自然保护区内自然环境和自然资源，确保自然保护区主要保护对象和自然资源安全。

（2）负责自然保护区自然资源的调查并建立档案，组织环境监测。

（3）制定自然保护区的各项管理制度，组织落实自然保护区规划和管理工作。

（4）负责自然保护区界标的设置和管理。

（5）宣传贯彻有关法律、法规，进行自然保护知识的教育。

（6）协调处理自然保护区与当地县、乡和村委会的关系，开展社区共管。

（7）完成上级交办的其他任务。

（二）管护站的任务、作用和职能

1.管护站的任务

负责管辖范围内保护管理工作、巡护工作、野生动物的救护工作，负责指导、管理和监督辖区内的管护员工作。

2.管护站的作用

执行管护局、管护站的各项管理规章制度，协调好与周边乡（镇）、村委会的关系，认真落实上级下达的各项保护管理工作。

3.管护站的职能

（1）落实国家、省、市有关保护区法律、法规及政策。

（2）负责管护站的各项管理工作。

（3）负责保护区林地资源管理及野生动植物资源保护工作。

（4）负责保护区森林防火、林业有害生物巡护和监测工作。

（5）负责维护、修缮自然保护区界标。

（6）配合管护局各科、室、站（所）完成各项工作。

（7）完成局领导交办的其它工作。

第七节　保护区综合考察

云南省沾益海峰自然保护区，地处乌蒙山系南延的滇东高原喀斯特山地核心部位。基本地貌由准平原抬升而成的高原面和受牛栏江切割而成的峡谷两大部分组成，属金沙江水系。

由于在复杂而漫长的地质演化过程中，形成了非常独特而少见的地貌结构组合，为动植物的生长，发育，繁衍提供优越的环境条件，因而记录了保护区的生态系统多样性、生物物种多样性和遗传多样性。值得一提的是，保护区内有目前省内已建保护区中纬度和海拔最低、结构完整、功能齐全的海峰湿地，其周围由相对隆起的中山山地、峰林、峰丛、孤峰及森林环境共同构成的湿地生态系统，不仅环境优美，同时又为各种鸟类提供丰富食源，吸引了很多候鸟到这里觅食、栖息和越冬，成为我省具代表性的典型喀斯特湿地景观。保护区内还有多处溶洞、地下河、落水洞及竖井状、漏斗状塌陷天坑等地下喀斯特地貌，特别是大型天坑内，因其特殊的生境条件而形成特殊的植物群落——天坑森林，成为滇中、滇东地区特有的森林类型，这些天坑群分布之集中，面积之大，深度之深，其底部形成的天坑森林，是省内独有的，在国内外实属罕见。上述独具特色的自然资源，不仅有着巨大的旅游价值，而且有很高的科研、科考价值和保护价值。

为了弄清该地区的各种资源状况，为保护区的建设和管理提供科学依据。根据《云南省国民经济和社会发展第十个五年计划纲要（草案）》提出新增自然保护区面积 40 万公顷的精神和云南省《云南省自然保护区发展规划》的要求，从 2000 年 11 月开始，由沾益区人民政府主持，云南省林业调查规划设计院昆明分院、沾益区林业和草原局共同组成的沾益海峰自然保护区综合考察组，并邀请云南师范大学旅游与地理科学学院的陈永森教授、云南大学环境科学系陆树刚教授等专家参加考察，对保护区进行了较为全面的科学考察。2000 年 11 月至 2001 年 2 月，在两次野外考察的基础上，考察组收集到了第一手宝贵的资料，经过 4 个多月的资料整理和分析，分别完成了特殊地貌、湿地生态系统、天坑森林、植物资源、动物资源、森林资源、森林土壤、昆虫资源、景观资源等专题报考，在此基础上编制完成《云南沾益海峰自然保护区综合考察报告》，为保护区申报、保护区总体规划编制、保护区其他项目规划编制和保护区建设管理提供了重要依据。

第八节　保护区总体规划

一、保护区总体规划编制的背景

沾益海峰省级自然保护区于 2000 年 11 月—2001 年 5 月由沾益区人民政府主持完成了综合考察，由于云南沾益海峰省级自然保护区内具有的云贵高原长江中上游的喀斯特湿地生态系统、天坑群及其特有的植物群落，受到社会各界的广泛关注。云南省人民政府于 2002 年 5 月 13 日在（云政复〔2002〕48 号）文件作出批复，同意建立沾益海峰省级自然保护区。保护区的主要保护对象为：岩溶湿地生态系统、特殊的岩溶"天坑"森林、多种珍稀野生动植物种类及其栖息环境。云南沾益海峰省级自然保护区自批准建立后，在各级领导的关心和上级主管部门的指导下，经过近几年的保护和建设，保护区在维护生态、保护自然环境和自然资源方面取得了明显成效。但是，由于云南沾益海峰省级自然保护区未做过总体规划，没有一个能够长期合理的总体规划指导保护区的保护、建设与管理。为妥善解决云南沾益海峰省级自然保护区保护建设管理与地方经济发展存在的问题和矛盾，更好地规范云南沾益海峰省级自然保护区的管理及建设行为，提升保护区的管理水平，沾益区林业和草原局于2007年1月委托云南省林业调查规划院昆明分院承担《云南沾益海峰省级自然保护区总体规划（2008—2015年）》编制工作。2017年3月，云南省人民政府印发《云南省人民政府关于沾益海峰省级自然保护区功能区划调整的批复》（云政复〔2017〕17号）批准海峰省级自然保护区的功能区调整。

为编制《云南沾益海峰省级自然保护区总体规划》，沾益区林业和草原局作了多方面协调工作。项目组多次到省林业和草原局和曲靖市保护办进行规划咨询，对保护区的自然环境和社会经济状况进行了补充调查和研究，分别到沾益区发改、土地、旅游、交通、招商、经贸、城建、水利、电力等部门进行相关调查了解，总结了云南沾益海峰省级自然保护区存在的主要问题与矛盾，根据《云南省沾益海峰自然保护区综合考察报告》和补充调查情况，按照《自然保护区总体规划技术规程》和有关规程规范的要求，并结合该保护区的实际情况编制了《云南沾益海峰省级自然保护区总体规划》。

二、保护区范围和功能区区划调整

（一）调整的必要性

云南沾益海峰自然保护区划建时强调了保护的迫切性和完整性，将一些农地作为生态恢复区划入保护区的核心区和缓冲区，随着当地经济发展，不利于管理和建设，保护区范围内人口众多，林、农、村庄交错，增大对保护区的保护压力，因此本次将部分农地、村庄调出保护区范围，原核心区和缓冲区内的农地和村庄调整到实验区；另一方面，综合考察时把人工湿地的黑滩河水库纳入核心区，但黑滩河水库作为当地的生产生活用水、下一步将进行扩建作为沾益花山工业园区用水，从现实意义和保护区建设的相关法律法规来看，黑滩河水库不宜区划为保护区的核心区范围；再一方面，保护区最西南边与寻甸县接壤的部分边界存在权属问题（原保护区边界与沾益区森林资源规划设计调查的边界不吻合）。因此，对保护区边界范围作适当调整，确保保护区边界、权属无争议；对功能区进行必要的区划调整，使保护区的功能区划更加趋于合理，便于保护区的有效管理和建设。

（二）调整的可行性

1.云南沾益海峰省级自然保护区属自然生态系统类别的湿地生态系统的保护区，其保护对象为岩溶湿地生态系统、特殊的岩溶"天坑"森林、多种珍稀野生动植物种类及其栖息环境。本次保护区范围及功能区调整后，不改变保护区的性质和主要保护对象，不改变湿地生态系统的完整性，对生物多样性的影响不大，符合自然保护区范围调整相关规定和要求。

2.曲靖市人民政府、沾益区人民政府及自然保护区管理部门对云南沾益海峰省级自然保护区范围及功能区调整工作极为重视。在广泛征求和收集各相关部门的意见后，一方面，就调整事项行文向省政府请示，另一方面，积极制定调整方案，布置、组织调整工作。项目组在工作过程中，曾多次征求曲靖市林业和草原局、沾益区人民政府及自然保护区管理部门的意见

3.保护区成立后，没有建立专门的的管理机构，也没有基础设施投入，调整的区域未设置任何保护设施，此次范围调整不影响保护区原有的保护设施。

三、保护区范围调整的生物多样性影响评价

根据相关管理要求，对保护区范围和功能区区划调整必须进行相关生物多样性影响评价。云南沾益海峰省级自然保护区范围和功能区区划调整进行了生物多样性影响评价并编制了《云南沾益海峰省级自然保护区范围调整和功能区区划对保护区生物多样性影响评价报告》。

《云南沾益海峰省级自然保护区范围调整和功能区区划对保护区生物多样性影响评价报告》中，保护区范围调整和功能区区划对该保护区的完整性影响较小，对主要保护对象湿地生态系统没有影响；功能区和范围调整后保护区的植被类型数量不变，植物多样性并未受到影响，植物的科、属、种数目未减少；功能范围调整后对整个区域的动物区系组成和种群数量结构没有直接影响，既不会导致兽类、鸟类、两栖和爬行类动物的区系组成的改变，也不会因此使分布在该区域中的任何一个动物物种因此而消失。保护区范围调整和功能区区划对保护区生物多样性基本没有影响。

2007年，据生物多样性影响评价结论，调整出保护区的面积1236.0hm²，其中农地村庄502.0hm²，林业用地643.0hm²，水域54.70hm²，其他非林地36.3hm²。调整出的植被、植物种类均为次生植被类型和滇中高原常见物种，无保护植物，野生动物更为稀少。保护区调整不至于造成某个物种的消失或致危。2017年，根据保护区保护发展需要，将大坡管护站管理区域11.2hm²水域面积由实验区调入缓冲区。

保护区土地使用权为集体，在确保重点区域得到保护的前提下，将对保护区影响不大的区域调出，符合地方实际，便于将来管理。

有鉴于此，在对保护区生物多样性、保护区主要保护对象影响不大的前提下，

为加强保护区的管理与建设，协调经济发展与自然保护的矛盾，对保护区范围及功能区进行合理调整是必要的，也是可行的。

四、保护区范围和功能区划调整结果

（一）保护区范围调整结果

原"综考"保护区面积 27846.0hm²，2007 年规划调整后保护区面积 26610hm²，调出面积为 1236.0hm²，占原保护区面积的 4.43％，其中调出林业用地面积 643.0hm²，非林地面积 593.0hm²。2017 年，将大坡管护站管理范围内的 11.2hm² 水域面积由实验区调入缓冲区。调整范围的土地权属全部为集体，保护区范围调整结果见表 11-5。

表 11-5 海峰自然保护区范围调整土地利用现状对照表 单位：hm²

项目	合计	土地利用现状								
		乔木林地	经济林	疏林地	灌木林地	未成林地	宜林地	农地	水域	其它非林地
调整前	27846.0	17846.9	40.5	110.8	2610.3	72.4	409.9	5848.3	778.2	128.7
调整后	26610.0	17336.4	39.7	110.8	2495.9	68.9	396.1	5346.3	723.5	92.4
调整值	1236.0	510.5	0.8		114.4	3.5	13.8	502.0	54.7	36.3

（二）保护区功能区调整结果

原综考保护区面积 27846.0hm²，其中核心区面积 8943.9hm²，缓冲区面积 3158.5hm²，实验区面积 15743.6hm²。2007 年规划调整后保护区面积 26610.0hm²，其中核心区面积 2695.1hm²，缓冲区面积 1823.9hm²，实验区面积 22091.0hm²。2017 年规划调整后保护区面积 26610.0hm²，其中核心区面积 2695.1hm²，缓冲区面积 1835.1hm²，实验区面积 22079.8hm²。

五、保护区总体规划的主要规划项目

（一）保护与恢复项目规划

主要包括自然保护项目和生态恢复项目。

（二）科研与监测项目规划

主要包括常规和专项科研项目、生物多样性和环境监测项目。

（三）宣传与教育项目规划

主要包括对周边社区和外来人员的宣传教育以及保护区职工的培训教育。

（四）基础设施及配套项目规划

包括保护局、管护站、管理点建设规划等设施项目。

（五）社区共建共管项目规划

包括社区共管组织、社区发展示范项目和社区环境治理项目。

（六）生态旅游项目规划

包括旅游资源评价、客源市场分析，生态旅游小区等规划。

第九节　保护区湿地恢复工程建设

云南海峰喀斯特湿地位以兰石坡海子湿地为中心，主要由兰石坡海子、干海子、背海子、黑滩河四块湿地构成。由于在复杂而漫长的地质演化过程中，形成了非常独特而少见的地貌结构组合，兰石坡海子中孤峰林立，造型玲珑剔透，湖映峰影，有"九十九山，九十九潭"之称。其周围由相对隆起的中山山地、峰林、峰丛、孤峰及森林环境共同构成的湿地生态系统，植物种群丰富，环境优美，同时又为各种鸟类提供丰富食源，吸引了很多候鸟到这里觅食、栖息和越冬，形成云南省独有，国内外罕见的典型喀斯特湿地景观。海峰喀斯特湿地不仅有很高的科研、科考价值和保护价值，而且有着巨大的旅游价值。

从地理区位上看，海峰湿地属金沙江水系，它是金沙江的一级支流牛栏江流域所控制的区域，主要河流为小东河与黑滩河，区内的黑滩河、干海子、兰石坡海子、背海子等，均为该水系内的湖泊。海峰湿地生态系统具有巨大的生态价值和经济价值，而且对长江中上游地区生态环境保护具有重要的作用。

云南海峰喀斯特湿地由于其稀有性、典型性、重要性，被列入国家重要湿地，纳入《全国湿地保护工程实施规划（2005～2006）》项目，根据国家林业和草原局司局函《国家林业和草原局计资司关于组织编报湿地保护建设项目的通知》（计建〔2006〕10号）和省林业厅的有关要求，沾益区林业和草原局聘请西南林学院作为该项目的科技支撑单位，委托云南省林业调查规划院昆明分院于2006年3月编制完成《云南海峰自然保护区喀斯特湿地恢复工程建设项目可行性研究》。

2006年5月15日，国家林业和草原局对云南省林业厅上报的《云南海峰自然保护区喀斯特湿地恢复工程建设项目可行性研究》作了批复："同意建设云南海峰喀斯特湿地保护工程项目"，项目总投资823.06万元，主要建设内容是新增建筑面积1490m²，修建管理码头1座，监测了望塔1座，生物围栏5km，蓄水围堰170.8m，湖滨带植被恢复152hm²，购置相关巡护、病虫害防治、科研、宣教设备设施等。

2007年6月由国家林业和草原局昆明勘察设计院编制的《云南海峰自保护区喀斯特湿地保护建设初步设计》获得国家林业和草原局批准，项目进入建设实施阶段。项目工程于2010年10月20日竣工并投入使用。经过湿地恢复工程建设，海峰湿地的保护基础设施有了显著改善，海峰自然保护区对湿地的保护管理能力也得到明显增强。

第十节　保护区湿地保护工程建设

一、项目背景

"十二五"期间，国家规划用于湿地保护和恢复建设资金高达 129.87 亿元；2004 年国务院办公厅发布了《关于加强湿地保护管理的通知》，并在履行《湿地公约》的基础上，于 2008 年成立了由国家林业和草原局牵头、国务院 16 个部门共同参加以加强对湿地保护的科学性和保护力度。《全国湿地保护工程"十二五"实施规划》明确提出当前湿地保护工作要切实解决湿地保护与周边区域经济协调发展这一重要问题，加大改善周边居民生产生活条件力度，促进湿地保护工作卓有成效。

云南沾益海峰自然保护区由于其区内形成的云贵高原长江中上游极其罕见的喀斯特湿地生态系统、天坑群及其特有的植物群落，2002 年 5 月，经云南省人民政府批准为省级自然保护区。作为保护区内最为重要的一部分，海峰湿地是沾益区境内长江流域金沙江水系的一级支流——牛栏江在滇东高原喀斯特地貌上经过复杂的地质演变过程发育形成的永久性淡水湖泊，其地质结构独特而罕见，具有非常重要的保护价值。自保护区建立以来，在各部门领导的关心和支持下，海峰湿地保护和恢复工程及相关基础设施建设有序开展，湿地资源总体上得以较好保护。尤其是 2006 年初，海峰湿地由于其稀有性、典型性、重要性，被列入《全国湿地保护工程实施规划（2005～2006）》项目。2006 年 5 月 15 日，国家林业和草原局以（林计批字〔2006〕38 号）文对云南省林业厅上报的《云南海峰自然保护区喀斯特湿地恢复工程建设项目可行性研究报告》作了批复："同意建设云南海峰喀斯特湿地保护工程项目"。经过建设工程的实施，海峰湿地的保护基础设施有了显著改善，海峰自然保护区对湿地的保护管理能力也得到明显增强。但是，受全球气候的变化、人民生产生活方式的改变以及近年来云南省连续发生的严重旱灾的影响，海峰湿地急需进一步的加强保护。

《全国湿地保护工程"十三五"实施规划》把云南沾益海峰省级自然保护区湿地列为云贵高原湿地区重点保护工程的湿地。为了对海峰湿地进行科学的保护，满足国家对湿地保护宏观战略要求，促进海峰湿地可持续利用，云南省发改委、省林业和草原局等相关部门协助，沾益区林业和草原局提出湿地保护工程项目续建申请，委托国家林业局昆明勘察设计院编写《云南沾益海峰省级自然保护区湿地保护工程建设项目可行性研究报告》。

二、项目主要建设内容

本项目紧紧围绕云南沾益海峰省级自然保护区湿地保护工程的主题进行工程布设。由于兰石坡海子湿地占保护区整个湿地面积的 74.6%，是海峰湿地最为重要的组成部份。因此，本工程项目布局以兰石坡海子为中心，所选建设项目以有利于海峰喀斯特湿地保护为主。主要建设任务详见表11-6：

表11-6 海峰自然保护区湿地保护工程建设项目主要建设内容

序号	项目或工程名称	单位	数量	备注
（一）	保护与恢复工程			
1	湿地保护			
1.1	标示牌	块	60	
1.2	湿地巡护步道	km	12	西线6.5km，东线5.5km。宽1.5m
1.3	巡护设备购置			
1.3.1	巡护车辆	辆	1	
1.3.2	其他巡护设备	套	1	手持GPS、对讲机
1.4	生物围栏	km	9	乔灌混交、带宽5m
1.5	湿地补水	m		
1.5.1	补水管道	m	5100	管径DN200，管道埋于地下，设计埋深0.8m
1.5.2	蓄水围堰	m	957	高度1.5m。共3座，共计957m
1.6	分类垃圾箱	个	50	
1.7	垃圾收集房	间	5	
1.8	生态厕所	间	6	5间，每间30m²
1.9	水污染处理	个	4	6间，定制的生态厕所
2	湿地恢复			
2.1	湿地植被恢复	hm²	85	
2.2	栖息地恢复	hm²	63	
2.3	有害物种清除	hm²	55	采用机械和人工相结合的方式清除紫茎泽兰
（二）	科研与监测工程			
1	气象监测			
1.1	气象站	个	1	含监测用房25m2（活动板房）和监测样地25m×25m
1.2	气象监测设备	套	1	
2	鸟类监测			
2.1	监测用房	间	1	生态木屋50m²
2.2	监测设备	套	1	高倍长焦望远镜、照相机等
3	植物监测固定样地			
3.1	固定样地	块	6	2m×2m，共6个，湿地植被恢复区2个、栖息地恢复区2个、自然恢复区2个
3.2	固定样地监测设备	套	1	
（三）	科普宣教工程			
1	宣传牌	块	50	
2	宣教中心用房	m²	600	600m²框架结构
3	宣教中心内部布设	m²	600	
4	宣教设备	套	1	投影仪、音像、展示柜（台）等

续表 11-6

5	电子沙盘	套	1	
6	附属设施工程			
6.1	场区大门	项	1	含场区围墙、大门等
6.2	场区绿化	m²	4250	
6.3	水电设施	项	1	
6.4	生态厕所	m²	120	1 座，120m²

三、项目效益分析

保护区的湿地由于其独特的地质构造和重要的生态区位被列为海峰省级自然保护区最重要的保护内容，本次海峰湿地保护工程建设项目的实施具有紧迫性，工程开展后能产生重要的生态、社会和经济效益。

（一）生态效益

由于湿地自身的生态重要性，再加上海峰湿地独特的生态区位及脆弱性，海峰湿地保护及恢复工程的实施将产生重要而深远的生态效益，主要体现在以下几方面。

1. 生态系统的有效保护。工程实施将更有效地稳定和保护湿地的野生动植物资源，特别是为珍惜湿地水禽—黑颈鹤、黑鹳等创造了一个稳定的栖息、中转、越冬、繁衍环境，对保护生物多样性有重要的意义。该项目的实施，将有效地保护和维持湿地生态系统的完整性、稳定性和连续性，从而使湿地的功能得以充分发挥，湿地的保护工程实施后，将最大限度地减少人为因素对湿地生态系统的破坏，有效保护珍稀动、植物资源，保护生物多样性和自然生态系统，有利于湿地内植被恢复，为候鸟类、鱼类等动物提供了丰富的食物资源，有利于野生动植物种群数量的增多；有利于协调人与自然的关系，保护和恢复自然生态系统，使整个生态系统按照自然演变规律进行能量流动和物质循环，最终将形成比较完整的保护体系。它对于改善当地的自然环境，维护生态平衡，促进生态系统良性循环，减少自然灾害等起到非常重要作用。

2. 科研实力和相关科学资料得以充实，为湿地保护提供更为有力的科学依据。湿地科研工程实施后，湿地的常规科研将走上正轨，积累珍贵的监测和档案资料，为国内、外湿地和鸟类研究工作提供基础资料，并为开展国际技术合作提供更有力的支撑。相关专题研究的开展，在拯救濒危珍稀物种的同时，为种群的恢复和发展提供条件，也有利于保留物种遗传的多样性，使湿地真正成为禽类和其它动物栖息和繁殖的理想场所和物种基因库，更好的发挥湿地"物种基因库"功能，展现良好的生态效益。

3. 区域生态环境改善。工程实施更有利于当地的生态环境改善，增强湿地调节区域小气候能力。大面积的湿地，通过蒸腾产生大量的水蒸气，不仅可以提高周围地区空气湿度，改善空气质量，而且能诱发降雨，增加周边地区地表和地下水源，减少风沙干旱等自然灾害。

4. 发挥水质净化功能，有效控制污染源，为地区提供优质水源。虽然海峰湿地当前并非沾益地区直接水源地，但湿地对当地清洁水源和地下水水量保持具有重要的作用。通过湿地植被的恢复，增强水生植物生物净化水质作用，为地区持续性提供清洁源，保证人民生产生活的持续性。

5. 调节径流，涵养水源，保持水土。保护区属长江上游金沙江水系牛栏江支流，保护区湿地面积的增加和对该湿地生态系统的有效保护，为改善长江流域的生态环境和生态安全有重要的保护作用。同时海峰湿地也是天然蓄水库，是缓解流域内河道压力的主要调贮库，它的存在保持了河水流量的均衡，为地区农业生产和水产养殖提供稳定的水源，减少旱、洪灾害的影响，且在一定程度上减缓河流泥沙流量，起到保持水土作用。

（二）社会效益

湿地保护重在保证其永续利用和发挥其示范作用，促进地方经济发展。通过科学合理的规划与建设，海峰湿地保护工程续建项目的实施对其社会效益更好的发挥有良好的促进作用，具体表现为：

1. 增强湿地的保护与宣教。通过增加相关的管护设施，增强保护区管护局对湿地的保护能力，强化管理水平，提高保护区的管理成效；通过增强科研监测设施及技术力量，监测湿地自然生态环境的演替过程，可更全面地认识湿地的发生、发展规律，认识物种间相互依存、相互制约的关系，为人类长期、高效、科学地利用资源和保护、改善生存环境提供科学依据；此外，湿地保护工程的建设将引进更为先进的宣教理念和技术，增强保护区宣教水平，让更多民众了解湿地重要性，自觉参与到湿地保护中来，形成全民共同保护湿地良好风尚。海峰湿地将成为国内外湿地科学研究、教学实习和科普宣传的重要基地。

2. 增强学术交流。海峰喀斯特湿地是云南省具代表性的典型喀斯特湿地景观。随着保护区多种设施的完善和进一步加大宣传力度，将有助于吸引国内外的专家学者、科研人员到海峰喀斯特湿地进行深入研究。尤其是湿地恢复与重建方面的研究，为我国喀斯特湿地生态系统保护提供理论依据，对其他同类型湿地的保护具有重要参考价值。

3. 促进区域经济发展。随着湿地各建设项目的实施及西部大开发政策的进一步落实，水质得到净化，直接改善了当地的用水条件，结合沾益当前已经初具规模的花卉等绿色产业，为地方招商引资提供较为良好的生态环境，促进经济发展。而且海峰喀斯特湿地风光秀丽，旅游价值较高，且区位优越，距沾益40km，距云南第二大城市——曲靖46km，距昆明市180km，便于游客观鸟和风光旅游。通过适当发展旅游，可促进当地第三产业发展，增加地方经济收入。

4. 加速信息交流，提高社区知名度。随着湿地的保护和恢复事业的发展，相关专家、学者、记者、实习学生、游客将纷至踏来，通过科考、旅游、交流、宣传等活动，湿地所在地的知名度将会提高，科学研究将不断深入，对外交流和开放将会扩大，有利于引进人才和技术、推动科研与管理，促进科研、技术、管理等方面的进步，随之而来的效益将不可估量。

5. 提高全民环保意识，促进精神文明建设。湿地独特的生态系统、珍稀的自然资源、严酷的生存环境等，都是对人们进行自然保护教育的良好素材，有利于提高人们的环保意识，激发大家热爱自然、善待自然的心灵感悟。

6. 提供就业机会，促进社会稳定。随着保护区建设和管理加强，建立与健全湿地保护共管的协调机制、投入机制和法规与政策体系，既稳定地方社会治安，又能带动周边社区经济发展。此外，海峰湿地保护工程续建项目的实施，必将带动海峰湿地及其周边社区经济、交通、通讯、商业、旅游业、服务业以及农林土特产品加工等行业的发展，既可增强自然湿地自身的经济实力，又可为当地剩余劳动力提供较多的就业机会，在一定程度上缓解了当地就业压力，从而促进第二、三产业的发展，增加地方财政收入，促进社会稳定。

（三）经济效益

通过工程的实施，在加强湿地保护的同时，促进湿地利用走上合理开发、协调发展的轨道，实现资源开发与环境保护一体化。在保护湿地独特生态环境的前提下，合理利用湿地的水资源发展养殖、种植、生态旅游等特色产业，将对当地群众的脱贫致富，提高居民的生活水平，以及地方经济的发展起到促进作用。

该项目的实施，不仅有着较大的直接经济效益，潜在的间接效益更是不可估量的。首先，我国是水资源严重短缺的国家，保护湿地就是保护了水，就是保护了生命之源，正常发挥湿地生态系统的调蓄功能，将大大减少洪涝灾害造成的损失。其次，是由生态效益和社会效益转化而来的间接经济效益，主要体现在湿地的蓄洪防旱、调节气候、控制土壤侵蚀、促淤造陆、降解环境污染等带来的间接经济效益。再次，遗传资源本身具有极其巨大的潜在经济价值，保护生物多样性也就保护了未来的发展基础。保护区湿地面积增加和湿地生态系统的改善，使湿地野生动植物种群得到恢复和发展，通过湿地野生动植物资源的就地保护和人工培育，它们的价值将日益得到挖掘和开发。

第十二章　保护区的生态旅游

　　海峰省级自然保护区，位于云南省曲靖市沾益区。由湿地与相对隆起的中山山地、峰林、峰生、孤峰及森林环境共同构成的湿地生态系统，具有较高的科研、科考价值。海峰湿地拥有山、水、林、石、洞、潭及草地为一体的喀斯特湿地景观，有"九十九山，九十九峰""云南小桂林"之誉。经过多年努力，保护区保护成效显著，自发生态旅游市场逐步形成，已经具备相应的生态旅游开发条件。随着社会经济的发展，如何展示保护成效，满足人们的生态需求，有效协调保护区资源保护与社区发展的关系显得尤为关键。发展生态旅游业是加速山区经济发展，促进林业可持续发展的重要战略措施，对海峰自然保护区进行生态旅游开发是增强其自养能力，实现可持续发展的有效途径，对于实现保护区保护、科研、宣教、社区发展等功能均具有重要意义。

　　保护区生态旅游主要依托保护区的景观资源，保护区的景观资源前面已作专题论述，本章不重复累述。

第一节　保护区生态旅游开展的总体要求

　　海峰自然保护区开展生态旅游必须在实现海峰省级自然保护区总体保护目标的前提下，按照保护区总体规划的要求，在保护区实验区及外围地带的生态旅游资源进行保护性适度开发，通过发展生态旅游，促进地方经济、当地社区以及资源保护事业的全面发展。

一、保护区生态旅游开展的原则

　　1. 保护区开展生态旅游坚持"保护第一，统筹规划，统一管理，崇尚自然，防止污染"的原则。

　　2. 与沾益区旅游规划相结合，坚持依法有序开发的原则。

　　3. 保护优先，有利于生物资源和自然环境保护的原则。

　　4. 周边群众共同受益的原则。

二、保护区生态旅游的指导思想

　　生态旅游作为自然保护事业的组成部分，应在提高公众保护意识、促进社区发展方面发挥积极作用。保护区内的生态旅游以实现资源环境的可持续利用为前提，在保护、恢复和发展自然资源防止环境污染的前提下，根据有关法规积极促进保护区生态资源科学合理的有偿使用，依托沾益海峰省级自然保护区特有的旅游景观和较优越的区位优势，适度开发生态旅游，形成独特的、具强吸引力的、不可替代的生态旅游产品，为人们提供优质的生态旅游环境，增加保护区及地方经济收益，提高保护区的自养能力。

三、保护区生态旅游的主要策略

沾益海峰省级自然保护区开展生态旅游，确立以海峰自然保护区为主体、辐射外围地带，联动周边支撑景点和旅游接待点的主要策略。

第二节 开展生态旅游的区位条件

一、地理区位

沾益区东邻富源县，南连麒麟区、马龙，西接会泽县、寻甸县，北与宣威市接壤。沾益海峰省级自然保护区位于云南省曲靖市沾益区西部，距县城40km左右。沾益区位于云南省东部偏北，曲靖市中部。距省会昆明市120km，距曲靖市8km。

二、交通区位

海峰湿地位于云南省曲靖市沾益区，从市级交通区位来看，曲靖市地处滇东门户，素有"滇黔锁钥""云南咽喉"之称，距省会昆明市120km。昆明至曲靖城际列车已经开通，过境火车在沾益区设停靠站，对外交通便捷，交通网通达性好。市区有G320、G324、G326、G213四条国道和贵昆、南昆两条电气化铁路，特殊的地理区位，成为云南省"出滇入海"的大枢纽和大通道。

从县级交通区位来看，沾益区位于曲靖市中部，距曲靖市区13km，交通便利。此外，沾益区距昆明新机场——长水机场仅1小时车程，境内有320国道、曲宣高速、沪昆高铁、环县旅游等交通道路，大大提高了海峰省级自然保护区的可进入性。保护区所涉及的16个村委会，村村通路，这些乡村公路的维护及时到位，道路的畅通得到很好的保证，有利于保护区的保护与建设。

三、旅游区位

海峰省级自然保护区位于云南省新兴旅游区滇东北红土高原文化旅游区。滇东北红土高原文化旅游区旅游资源类型多样，发展潜力巨大，目前呈快速发展的状态，是云南省重点打造的六大文化旅游区之一。

海峰省级自然保护区所在沾益区处于曲靖市三大旅游片区（南部山水画卷观光

度假区、中部文化生态系统综合休闲度假区和北部文化和农业生态文化观光旅游区）的中心位置，也是曲靖市三横四纵旅游线路的交汇核心。无论从地理区位还是功能定位上，都将成为连接三大片区，联系多条旅游线路的中部枢纽。更为关键的是海峰湿地所依靠的腹地曲靖，离入滇游客集散中心昆明近在咫尺。由此可见，海峰省级自然保护区旅游区位优势明显。

第三节　开展生态旅游的其他资源

保护区除了具备开展生态旅游的景观资源，还有丰富的湿地资源、动植物资源也是开展生态旅游的重要资源。

一、湿地资源

海峰省级自然保护区的湿地属湖泊湿地类中的永久性淡水湖类型，它以兰石坡海子湿地为核心，加上附近的干海子、背海子、黑滩河水库等湿地而构成，这几块湿地集中分布在 $14km^2$ 的范围内。湿地的沼泽地和水体面积有 $723.5hm^2$，其中兰石坡海子湿地有 $491.9hm^2$，占整个湿地面积的 68.0%；按天然和人工划分，天然湿地为 $634.6hm^2$，人工湿地为 $88.9hm^2$。

二、植物资源

海峰省级自然保护区属于东亚植物区，中国—喜马拉雅森林植物亚区，云南高原地区、滇中高原亚地区。根据野外考察的结果，该地区的植物区系由 159 科，413 属，774 种植物组成。其中，蕨类植物 25 科，54 属，82 种；种子植物 131 科，355 属，692 种。在众多植物资源中，分布较好的森林植被类型，例如元江栲林、滇青冈林、云南松林等，这些森林植被对海峰湿地系统起着重要的涵养水源的作用。同时湿地四周的石山生长着种类繁多的旱生植物，秋冬两季硕果累累，为植食性或杂食性动物提供了充足的食物来源。此外，据初步统计，沾益海峰自然保护区湿地系统中仅湿地植物（包括水生植物和湿生植物）就有 27 科，50 属，79 种。湿地植物资源中，属于国家二级保护的野生植物有黄杉 *Pseudotsuga sinensis*、扇蕨 *Neocheiropteris palmatopedata*、中国蕨 *Sinopteris albofusca*、海菜花 *Ottelia acuminata*、松茸 *Tricholoma natsutake* 等。

三、动物资源

根据沾益海峰自然保护区综合考察报告，沾益海峰自然保护区属"东洋界中印界西南区西南山区亚区"。此区与华中区和西部山地高原亚区、华南区的滇南山地亚区相毗邻。据考察，区内发现有哺乳类动物 25 种，隶属 6 目，8 科；鸟类 169 种，隶属 18 目，45 科，4 亚科；两栖动物 15 种，隶属 2 目，7 科；爬行动物 17 种，隶属 2 目，7 科；已发现昆虫有 11 目 64 科 171 种。

湿地气候温暖，湖泊、沼泽、草地较多，鱼虾成群，水草丰富，适宜鸟类觅食、栖息，因此吸引了许多鸟类在此生活，形成了湿地丰富的鸟类资源。

第四节　区域基础设施

近些年来海峰省级自然保护区基础设施得到较大的改善，水、电、路、通讯网络基本形成。

一、交通设施

海峰省级自然保护区外围已形成完善交通网络体系。所辖的沾益区已有沪昆和杭瑞两条高速高路贯通。而涉及乡一级的大坡乡和菱角乡，则有来自城市四条支线（大岩线、沾麻线、三晏线，松会线）作为支撑，可进入性强。保护区周边地区也基本保证公路相联，其中交通干线公路 30km，支线公路 45km，巡护路 60km。但保护区内旅游环线还未真真建立，县乡公路还未完全实现柏油化。

此外，计划修建的高速公路有宣威—曲靖、寻甸—曲靖两条高速，均可以开辟旅游专线连接海峰省级自然保护区，将大大改善海峰省级自然保护区未来交通状况。

二、水电设施

水利工程建设不断地加强，能基本满足人们的生活及农业用水等；电网结构不断优化，供电可靠性进一步提升，通电率达 100%；但网络覆盖率较低，信息化建设相对比较滞后，难于满足产业升级、拓展产业空间、延长产业链的要求，今后在这方面需要加大投资建设，使其能够满足新型旅游业态的发展需求。

三、保护设施

保护区管护局在保护区内有 2 个管护站。设备情况：保护区有电话 3 台，电台 1 台，对讲机 8 台；现有森林防火设备 22 套，办公设备 2 套，病虫害监测设备 3 套，电脑 1 台，打印机 1 台，复印机 1 台。

第五节　区域旅游基础

一、曲靖市

曲靖市旅游资源丰富，历史文化底蕴深厚，地理构造独特，人文景观众多，民族风情浓郁。从资源种类来讲，基本具备全国 6 大类型旅游资源，其中，74 种基本类型中就有 50 种，占 67%，已构成了以山、水、洞、谷、花、坑、源的优美自然景观。

从旅游区数量来看，曲靖市共有国家 4A 级旅游区 4 个，3A 级旅游区 2 个，国家工农业旅游示范点 2 个，国家级森林公园 4 个，省级文明风景旅游区 2 个，省级风景名胜区 7 个。

曲靖市已经形成以南线罗平、师宗、陆良三县为主的"魅力珠江源"观光旅游产品，以会泽、陆良为主的"文化珠江源"文化旅游产品，以中线马龙、麒麟、沾益三县区为主的"休闲珠江源"休闲度假旅游产品及"美食珠江源"美食体验旅游产品的开发格局。曲靖市旅游业近些年来得到快速的发展：2014 年，全市接待国内外游客 1127 万人，旅游总收入达 93 亿元，较 2013 年有大幅增长。

二、沾益区

沾益区旅游资源丰富，自然生态和历史文化交相辉映。茶马古道文化、五尺道文化、珠源文化等构成其深厚的文化底蕴，自古就有"入滇锁钥""滇东重镇"的美誉。自然旅游资源形成了以高山、江源、峡谷、湿地、天坑、湖泊、溶洞等多种自然奇观为主，分布有珠江源、花山湖、七彩谷、海峰湿地、松林古镇、毒水石刻、五尺道、九龙山等丰富的自然和人文景观。旅游节庆活动影响力巨大，2000 年举办首届珠江源旅游节，2005 年举办首届珠江源美食文化节、珠江源登山越挑战赛，2006 年举办首届珠江源山地自行车越野挑战赛，2007 年举办首届万寿菊节，延续至今。

2015 年，沾益区大力发展旅游产业，激发旅游发展活力，旅游产业发展走上提质增效的快车道。1—8 月份，全县共接待国内旅游者 58.41 万人次，实现旅游综合收入 3.6 亿元，与去年同期相比增长 4% 和 23%。总体来说，沾益区旅游资源得到较为全面的开发，旅游产业快速发展，沾益区旅游已经成为曲靖旅游全面发展的核心力量。

三、海峰自然保护区

海峰自然保护区，位于云南省曲靖市沾益区大坡乡，涉及沾益大坡、菱角两个乡，是集山、水、林、石、洞、潭及草地为一体的典型的喀斯特湿地景观，有"九十九山，九十九峰""云南小桂林"之誉。区内山势高峻、悬崖峭壁，散落着大大小小的石峰、石林、溶洞、天坑和大面积的沼泽地，有各种候鸟、留鸟 49 种，其中还栖息着包括黑颈鹤、黑鹳、白鹤等国家一级保护动物。由于结构完整、功能齐全又是目前省内海拔最低、纬度最低的湿地，它与周围由相对隆起的中山山地、峰林、峰生、孤峰及森林环境共同构成的湿地生态系统成为云南最具代表性的典型喀斯特湿地景观，具有较高的科研、科考价值。

海峰湿地以其独特的自然风光吸引着各地的游客，据 2014 年不完全统计，海峰省级自然保护区游客人次达 10 万人，"五一"小长假期间，平均每天接近 1 万游客，成为众多自驾游、摄影爱好者及露营游客等喜爱的旅游地。

近些年来，海峰自然保护区成为自驾游、帐篷客、摄影爱好者及科考旅游者等众多游客的理想休闲、度假之地，旅游得到初步的发展，但由于游客的无序、配套不足、管理缺乏协调等原因，保护区生态旅游活动存在种种问题，亟需规范、规划，建立良好的旅游市场。

第六节　生态旅游主题打造

海峰自然保护区丰富的动植物资源和多样的景观组合，可以开展多种旅游形式。尤其是海峰湿地优美的自然环境、舒适的气候环境，良好的自然条件十分适合观光、宿营、自驾、摄影等休闲活动；极具观赏性、参与性的鸟类资源和植物资源则十分适合以环境教育为主体的研学旅游。针对大众观光、宿营、摄影自然资源，鸟类资源，植物资源和景观组评价，打造"八美海峰"。

一、山水海峰

海峰湿地以兰石坡海子湿地为核心，由干海子、背海子、黑滩河四块湿地构成，它们像一块块蔚蓝的宝石，镶嵌在群山绿海之中，环境优美、风景绮丽，仅沼泽地和水体面积就有 1005hm²。保护区内散落着大大小小各种造型的石峰、石林。石峰周围遍布各种溶洞，绝大部分洞中有水，深不可测。除大面积的水草地和沼泽地外，常年不干的水体有大洞塘子、鲤鱼塘、犀牛塘等池塘以及大量的"龙潭"，故海峰有"九十九山，九十九潭"之称。山峰之美要有水体陪衬，而旅游价值大的水体，也要奇山异石相伴。而海峰湿地展示出了山水交融奇景，尤其是海峰兰石坡海子一带的峰林、山、水、湿地等，组成如诗如画般的景色，溶丘环绕，山水相应，景色优美，不逊于桂林山水。

二、湿地海峰

海峰自然保护区属于云南省省级自然保护区，保护区属于自然生态系统类别中的内陆湿地生态系统，由于结构完整、功能齐全又是目前省内海拔最低、纬度最低的湿地，它与周围由相对隆起的中山山地、峰林、峰生、孤峰及森林环境共同构成的湿地生态系统成为云南最具代表性的典型喀斯特湿地景观。海峰湿地环境优美、风景绮丽，湿地内成群的小鱼、小虾和大量的水草及多种植物根茎为水禽提供了丰富食物，成为大批候鸟、留鸟的觅食和栖息地，也逐渐成为自驾游爱好者的野营圣地。

三、纯净海峰

海峰湿地水体清澈，洁净，水中生活着各种水生植物、鱼类及各种水鸟。云南海峰喀斯特湿地的水生植物分布有 3 种植被群落：沉水植物、浮叶扎根植物和挺水植物。

沉水植物中主要有海菜花群落 (Form. *Ottelia acuminata*)、光叶眼子菜群落 (Form. *Potamogeton lecens*)、狐尾藻群落 (Form. *Myriophyllum spicatum*) 等，常见种类有海菜花 *Ottelia acuminata*、光叶眼子菜 *Potamogeton lecens*、竹叶眼子菜 *Potamogeton malaianus*、穿叶眼子菜 *Potamogeton perfoliatus* 等。其中海菜花为国家二级保护植物。海菜花是中国独有的珍稀濒危水生药用植物，它对水质污染很敏感，只要水有些污染，海菜花就会死亡。海峰湿地生长着大量海菜花，说明海峰湿地是一片洁净之地。

四、和谐海峰

海峰是个有山峰为伴，有水、有草、有鱼虾、有飞鸟的所在。周边及保护区内的社区居民世代居住于此，与这里的山、水、虫、鱼、树等各种形式的生命和谐相处，谓之和美。

五、秘境海峰

海峰湿地天坑群是位于海峰省级自然保护区内罕见的自然奇观。这一天坑群分布集中、面积之大及其拥有的特殊生态环境下形成的特殊植物群落——天坑森林，在云南省内是首次发现。海峰天坑群有大大小小 10 多个天坑，多呈竖井状，许多小的天坑群因保护不力遭到破坏，至今还有 2 个天坑未遭受任何破坏。不仅有着巨大的旅游潜力，而且具有很高的科学考察和环境保护价值。

最为典型的一号天坑坑口直径约 200m，平均深度 152m，最深处达 184m，面积 0.85hm²，有关专家称之为"云南仅有，全国罕见"，是有名的云南第一坑。坑口悬崖绝壁，崖壁色彩斑斓。三个天坑底部有湿润常绿阔叶林，由于天坑较深，底部处于封闭状态，其植物覆盖率达到 100%，且层次结构复杂，乔、灌、地被植物齐备。经考察、鉴定的维管植物种类有 48 类、70 属、79 种，其中乔木以樟科、木兰科为主，高度在 15~20m 之间，平均直径 20~30cm，最大胸径达 80~90cm。下木和草本植物种类繁多，其中还有国家二级保护植物扇蕨。因此，天坑群及其地下森林这一不可多得的自然遗产，在生态学、遗传学、地质学、气象学、水文学等领域都有很高的科研价值，是研学旅游重要的环境教育、科普教育和自然教育的基地。

六、七彩海峰

离天坑群 10 多公里的地方便是七彩谷——"引牛入滇"项目源头，峡谷长 57km，两岸悬崖高低落差最大达 1500m，由天蓬台、幽魂谷、空灵谷、红人谷和仙人谷五大景区组成。因峡谷峭壁七彩斑斓，山光水色与植物交相辉映成七彩，具有探险、揽奇、荡舟、漂流等功能，吸引了众多摄影爱好者。

牛栏江为金沙江右岸较大的一级支流，发源于昆明市官渡区小哨境内，河道长约 423Km，天然落差约 1725m，流域面积 13787km²。流经云南嵩明、马龙、寻甸、曲靖、沾益、宣威、巧家、鲁甸、昭阳区等十一个县区及贵州省威宁县，于昭通麻砂村注入金沙江。目前，江中已建筑电站，还将筑建拦水大坝，让滚滚流逝的江水发挥巨大潜能，滋润沿岸众生。届时，牛栏江"七彩大峡谷"将又是一个一碧万顷的高原"小三峡"，具有丰富的人文、水产、旅游等综合性的资源，潜能无限。

七、森林海峰

在海峰自然保护区南部和北部分布大片原始森林，北部为黄杉林，属于国家二级保护植物，南部森林为原始森林，特色鲜明。

大坡森林覆盖率较高，最著名的原始森林位于红寨村委会南侧扒德村旁，大黑山东麓，延绵数十公里，核心区约 3000 多亩，林中各类树木密集，硕大的树干奇形怪状，布满青苔，枝叶繁茂，遮天蔽日。数百上千株直径超过一米的参天古木令人惊叹，且已被有关部门编号予以重点保护。林内山泉汩汩，空气清幽，鸟语花香，令人心旷神怡，流连忘返。

"云南松王"位于河尾村委会朵落箐村南山坡上一片茂密的树林中，是一棵年轮为 160 年左右的云南松，该松主干高 20 余米，根部直径 1m 以上，需 2 人合围，枝叶茂盛，苍翠挺拔，被有关专家誉为"青松之王"，属松中之瑰宝。

八、花海海峰

海峰湿地的外围种植着大面积万寿菊，万寿菊原产墨西哥及美洲地区，是食品着色、化妆品、烟草等的重要天然色素添加剂。海峰所在的沾益区已成为全国最大的万寿菊种植和加工基地，全县万寿菊种植面积达 6 万亩多亩。每年 7，8，9 月份，是种植万寿菊花的采收季节，保护区外围金黄的万寿菊花在阳光的照射下，耀眼夺目，百里飘香，令人心旷神怡，其壮观和美丽令人陶醉，是摄影留念的最理想之地。

保护区春季的各色花海，秋冬季节随处可见的火把果洋溢着生命的张力，水边的芦苇随风飘扬，山间的映山红热情奔放，共同构成海峰花海。

第七节　开展生态旅游的目标

在《云南沾益海峰省级自然保护区总体规划》制定的保护区总体目标的指导下，立足保护的前提，基于海峰省级自然保护区现实条件，适当开发和利用海峰湿地生态资源，发展生态旅游业，促进自然资源和文化资源保护，为公众提供环境教育、科学研究和游憩的机会，推动地方经济社会文化的全面协调发展，最终将海峰湿地建设成旅游形象鲜明、生态环境优美的融资源保护、科学研究、环境教育、生态休闲、社区发展为一体的旅游景区。把海峰生态旅游区建设成为曲靖市的后花园。为云南生态文明建设作出积极贡献。

第八节 生态旅游模式

由于保护区的特殊性，结合海峰湿地及石仁天坑的科普功能和宣教作用，保护区生态旅游模式为：聚科普宣教为一体的生态旅游模式。

第九节 生态旅游的社区参与

海峰自然保护区涉及沾益区大坡、菱角两个乡的 16 个村委会。范围涉及大坡乡的岩竹、石仁、地河、法土、德威、河勺、妥乐、河尾、红寨、麻拉 10 个村委会，以及菱角乡的赤章、菱角、块所、棚云、稻堆、白沙坡 6 个村委会。

长久以来，海峰省级自然保护区与当地社区生产、生活方式息息相关。因此，处理好海峰省级自然保护区社区问题是实现保护区生态旅游发展、各项建设事业协调发展的关键。在海峰省级自然保护区生态旅游开发中，应当尊重各社区现有的和将来的各项权益，鼓励社区参与到自然保护区生态旅游开发的工程建设、资源管理、环境保护、游客服务等各项活动中，促进社区经济的发展和社会文化环境的改善。通过社区参与旅游，丰富游客的旅游体验，促进游客与社区居民形成良性互动，增强社区居民的民族自豪感；增强社区生态旅游产品供应能力，促进保护区生态旅游开发与周边社区发展形成辐射带动与良性互动的关系。

第十节 社区生态环境保护

社区生态环境和卫生条件的好坏，会直接影响到海峰省级自然保护区生态旅游的发展。该区域固体废弃物综合利用率 100%，生活垃圾资源化、无害化处理率100%。对街道、民居的改造，景点的恢复重建，公共厕所，垃圾无害化处理，"三废"处理，以及绿化、美化、亮化工程等等都要通盘考虑。贯彻和谐、协调、清洁、优美、舒适、便捷等整体美的社区生态建设思想，逐步建成布局合理，设施配套、功能齐全的生态旅游示范社区。

第十一节 科普教育基地

一、湿地科普教育基地

依托大坡管护站建设海峰自然保护区湿地科普教育基地，通过多媒体展示、宣传图片展示、湿地科普陈列等方式，并结合图片资料、实物和影片放映等多种形式宣传湿地对人类生存与生活的作用，并结合湿地科普教育基地规划湿地科普项目与活动，具体为：

1. 申报云南省首个自然湿地科普教育基地。

2. 高原海峰湿地"生态体验与环境保护周""世界湿地日"等活动。

3. 海峰湿地"爱鸟周""人—鸟互存"活动。

4. 海峰湿地探秘夏令营。

二、喀斯特地质地貌科普教育基地

在大坡管护站附近建设喀斯特地质地貌科普教育基地，喀斯特地貌具有脆弱的生态系统，因此，结合实地景观观测、多媒体成因展示、宣传图片资料等方式展示喀斯特地质地貌的发生与价值。并结合湿地科普教育基地规划湿地科普项目与活动，具体为：

1. 申报云南省首个喀斯特地质科普教育基地。

2. 海峰湿地喀斯特植物园"植树节"科普活动。

3. 海峰湿地喀斯特"地球日""世界环境日""生物多样性日"科普活动。

4. 海峰湿地"天坑探秘"夏令营。

第十二节　旅游投资规划与策略

加快旅游资源开发，促进旅游业迅速发展，推进保护区及地方社会经济健康协调发展，是保护区管理部门一项重要而艰巨的任务。就保护区而言，目前无力投资旅游开发，但可凭借保护区独特的旅游资源和制定优惠政策，通过地方政府营造良好的投资环境，吸引投资商进行合作开发。

1. 保护区的外部交通设施由沾益区政府结合沾益区旅游发展规划统筹投资解决。

2. 保护区管理部门应在地方政府的支持协调下，积极争取交通、通讯、水电、城建、环保等各种人力物力和资金的投入。

3. 保护区管理部门应积极申请旅游建设的国债基金。

第十三节　旅游效益分析

一、"三大"效益兼顾

保护区生态旅游发挥经济效益的同时，也会产生巨大的社会效益，从而促进保护区的生态保护。

二、带动地方经济的发展

随着保护区生态旅游活动的开展，促进沾益区的旅游行业发展，对当地的第三产业能起到积极的带动作用，增加地方就业机会和财政收入，从而推动地方经济的发展。

三、提高公众环保意识

生态旅游的公众环境教育功能使周边社区和游客得到环境保护方面的教育。社区群众通过生态旅游而受益，使他们明白保护他们身边的森林和自然环境的重要性。游客通过回归自然、感受自然、探索自然等生态旅游活动，加上导游的讲解，使他们学到许多环境保护方面的新知识。

四、帮助社区脱贫

社区利用他们的区位优势和资源优势，通过参与旅游经营或提供服务、加工和销售旅游副产品而获得经济收入，使社区的贫困状况得到改善。

第十四节　开展生态旅游的建议

保护区的海峰喀斯特湿地、石仁天坑、七彩峡谷自然美景如画、风景绮丽、独具特色，是沾益乃至曲靖市不可多得的旅游资源。

建议保护区管理部门主持编制生态旅游总体规划和详细性控制规划，保护和利用好这一独具特色的旅游资源，为保护区的可持续发展奠定基础。

第十三章　社区发展与社区共管

第一节　社区发展现状

一、行政区域

云南沾益海峰省级自然保护区地处沾益区西部，整个保护区涉及大坡、菱角 2 个乡的 16 个村委会。范围涉及大坡乡的岩竹、石仁、地河、法土、德威、河勺、妥乐、河尾、红寨、麻拉 10 个村委会，以及菱角乡的赤章、菱角、块所、棚云、稻堆、白沙坡 6 个村委会。

二、人口数量与民族组成

（一）区域人口情况

根据 2014 年度《云南省沾益区国民经济统计资料》，沾益区辖龙华、西平、金龙、花山四个街道，盘江、白水两个镇，德泽、菱角、炎方、播乐、大坡五个乡，共有村（居）委会 122 个，村（居）民小组 924 个。全县总人口 44.62 万人，人口自然增长率 4.02‰。

根据 2019 年度《沾益年鉴》统计资料，2018 年末，全区辖龙华、西平、金龙、花山 4 个街道，盘江、白水 2 个镇，德泽、菱角、炎方、播乐、大坡 5 个乡，共有村委会（社区）133 个、村（居）民小组 1046 个。全区常驻总人口 45.51 万，人口自然增长率 6.56‰。

（二）保护区及周边人口

保护区及周边居住着汉、彝、苗、回、壮等民族，是以汉族为主的多民族聚居的地区。据统计，保护区所涉及的 16 个村委会人口总数 37833 人，保护区内人口 6384 人，菱角乡保护区内有 3105 人，大坡乡全部在实验区内保护区内有 3279 人。保护区涉及大坡乡 10 个村委会、3942 户、16396 人（其中劳动力 9793 人），菱角乡 6 个村委会、5309 户、21437 人（其中劳动力 12189 人）。保护区所涉及的 16 个村委会的少数民族人口总数为 1813 人，其中大坡乡少数民族人口有 1521 人，菱角乡有 292 人。

表 13-1 海峰自然保护区周边地区人口情况表　　单位：个、户、人

统计单位		村委会数	户数	人口		
				计	保护区内人口	其中农村劳动力
合计		16	9251	37833	6384	21982
保护区	菱角乡	6	5309	21437	3105	12189
	大坡乡	10	3942	16396	3279	9793

三、交通、通信

虽然保护区境内山区、半山区比例较大，但交通状况较好，保护区所属的 17 个村委会，村村通路，这些乡村公路的维护及时到位，道路的畅通得到很好的保证，有利于保护区的保护和建设。通讯方面，16 个村委会也做到了村村通电话，移动电话及无线寻呼网络的建设发展速度快，网络的覆盖面也较大，电话、广播的通讯微波站大部分已建成，大多数农户都用上了卫星电视接收系统。在保护区所涉及的 16 个村委会中，只有 4 个村委会没有用上自来水，通电情况则是村村都通电。因此，保护区的交通、通讯状况较好，为保护区的建设和管理提供了良好的条件。

四、地方经济

根据保护区初建时（2006 年沾益区统计资料），保护区周边社区国民生产总值为 17070 万元。其中：第一产业 448 万元，占生产总值的 2.63%；第二产业 14597 万元，占 85.51%；第三产业为 2025 万元，占国内生产总值的 11.86%。人均纯收入 2650 元，保护区周边社区，以第二产业为主，主要收入靠种植业和养殖业。

根据 2015 年度《云南省沾益区国民经济统计资料》，2014 年末，保护区所在的沾益县实现国民生产总值（GDP）160 亿元，按可比价计算较上年增长 5.3%。其中：第一产业增加值 35.2 亿元，增长 6.0%；第二产业增加值完成 83.1 亿元，较上年增长 3.8%；第三产业完成增加值 41.7 亿元，较上年增长 8.4%。三大产业比重结构为 22：52：26。全区城镇常住居民可支配收入 25048 元，增长 9.2%；农村常住居民人均可支配收入 9630 元，增 13.2%。

根据 2019 年度《沾益年鉴》统计资料，2018 年末，全年区内生产总值（GDP）实现 205.8 亿元，按可比价格计算增 11.1%。其中：第一产业实现增加值 41.3 亿元，增 6.3%；第二产业实现增加值 79.3 亿元，增 15.3%；第三产业实现增加值 85.2 亿元，增 8.9%。三大产业比重结构为 20.1：38.5：41.4。人均区内生产总值 45323 元，增 10.6%。全区城镇常住居民可支配收入 34712 元，比上年的 32111 元增加 2601 元，同比增 8.1%；农村常住居民人均可支配收入 13984 元，比上年的 12794 元增加 1190 元，同比增 9.3%。

五、保护区周边社区发展现状

保护区周边地区的大多数村社都建有学校，16 个村委会 462 个自然村共建有 82 所学校，教师人数 1329 人，学生人数 18183 人，入学率 96.5%。多数农户都重视孩子的教育问题，小学基本能普及，大多数家庭能坚持供小孩上学至初中。虽然在中学也存在个别辍学的现象，但在年轻一代中已不存在文盲。

保护区周边社区设有卫生所以上卫生机构 56 个，医务人员 282 人，医疗床位 285 个。周边社区群众的医疗卫生状况比较理想，村委会设有卫生室，卫生室医疗设施、设备较齐全。随着社区医务人员的技术水平不断提高，服务质量能基本满足当地人们就医需要。加之村民的经济条件逐渐转好、又都享有医疗保险，村民们只要生病就能得到及时治疗。病情稍重可以到乡镇、区卫生（医）院就医，当地村民的身体健康能够得到保障。周边地区村寨中都建有村寨有公厕，村社人畜分院，而且家禽、牲畜大部分实行圈养，环境卫生条件逐步改善。

第二节　社区共管

一、社区共建共管

社区发展与共建共管是保护区管理机构、当地政府有关职能部门、村社及村民共同组成的一种保护管理形式。其主要目的是让村民提高公众环保意识，合理利用自然资源，防止和控制破坏自然资源的行为发生，自觉参与保护区的有效管理，从而形成一个由政府、管理机构和村民共同管理保护森林资源的良好局面，真正达到人与自然的和谐发展。

二、社区共建共管的必要性

1. 沾益海峰自然保护区的土地权属属集体所有，保护区管理部门已和保护区所在地的乡人民政府签订了共管协议，但尚未与土地所有者的村社和社区群众签订相关协议，通过实施社区共管，保护区管理机构应尽快与土地所有者签订了共管协议，确保保护区有效管理。

2. 在保护区发展过程中，通过实施社区共管，周边社区居民应通过多种渠道，参与到保护区发展、管理、监督过程中。一方面可以使社区群众得到更多的收益，另一方面也是一种民主化的决策过程，为社区居民提供行使公民权利的机会、责任和实施自我管理的机会，有利于保护区的建设管理。

3. 社区参与是生态旅游内涵的重要组成部分，被认为是生态旅游可持续发展过程中的一项重要内容和不可缺少的环节。海峰省级自然保护区及其外围的生态环境极其脆弱，一旦开发失当，有可能引起生态系统发生退化和逆向演替现象，恢复难度极大且恢复过程十分缓慢。鼓励和引导社区参与旅游业发展，将有效提升其自我发展能力，提高当地居民对资源和环境价值的认识，促进生产方式的转变，减少传统生产、生活方式对资源环境的依赖和掠夺性利用，增加就业增收渠道，促进社区经济社会发展；同时，对于传统文化的保护也具有十分重要的作用。

三、社区共建共管的原则和目标

（一）社区共建共管的原则

1. 坚持保护区与周边社区共同发展、互惠互利的原则。

2. 坚持自然生态环境保护与社区经济发展相结合的原则。

3. 社区发展示范项目要坚持统一规划，突出重点，因地制宜，科技扶持的原则。

（二）社区共建共管的目标

1. 科学合理地解决各利益群体之间存在问题，协调相关利益群体的关系，正确处理保护与发展的矛盾，提高社区群众及部门对自然环境和自然资源的保护意识，实现保护区内外自然资源的可持续利用，达到对自然保护区的有效管理。

2. 通过社区发展规划项目的成功实施，增加社区居民经济收入，改善社区居民的生产生活条件，减少社区群众对自然保护区资源的依赖，实现经济发展和生态环境保护的良性循环。

3. 调动广大社区群众参与自然保护区管理活动的积极性，争取各级部门和社区对自然保护区工作的支持。

四、社区共建共管的范围和组织机构

（一）社区共建共管的区域范围

由于沾益海峰省级自然保护区及周边人口较多，林农交错，要对保护区实施有效管理和保护，必须把整个保护区的实验区纳入共管范围，使保护区与周边社区和谐发展。

（二）建立社区共建共管组织机构

建立社区共管委员会。云南沾益海峰省级自然保护区于 2002 年开始启动实施社区发展项目，一方面通过采用参与式农村评估方法在保护区周边村社实施参与性的森林资源管理活动，减轻保护区周边社区对自然保护区及其周边地区森林资源的依赖与压力；另一方面，编制和实施《保护区周边地区管理计划》，建立保护区周边地区管理委员会，正在探索一种自然保护区管理与周边地区社会经济协调发展的道路。建议在原社区共管委员会的基础上进行调整，保护区成立一个社区共管委员会，建议由县主管林业的领导、市林业和草原局、林业和草原局、保护区管护局、周边乡镇、周边社区等共同成立保护区共管委员会，真正探索一条自然保护区管理与周边地区社会经济协调发展的道路。

建立社区共管小组。目前已在保护区周边 5 个自然村已建立了森林共管小组，制定了山林管理规定，通过实施参与式森林资源管理方式，取得了明显的效果。规划扩大到保护区周边的 16 村委会，社区共管小组由保护区管护站站长任组长，村委会主任任副组长，派出所干警、村委会领导、管护员、及村民代表为成员。

五、社区共管机构职责

（一）社区共管委员会职责

制定管理目标、计划、召开成员会议，协调各利益群体间的责、权、利，负责组建社区共管小组，组织技能培训，组织项目的实施，经费安排，对社区共管小组的工作进行检查、监督和协调。

（二）社区共管小组职责

制定小组活动内容，找出社区存在的主要问题和解决的策略，选择共管项目并负责实施保护区管理计划，指导各村修改完善村规民约，对社区共管小组内的居民进行野生动植物保护、生态环境保护等知识、意识教育，动员社区群众积极参与保护区的管理工作。

六、社区发展示范项目规划

（一）技术培训

培训对象以保护区周边社区文化水平较高的年青人为主。培训内容包括切合当地农村发展实际的种植和养殖技术培训，通过技术培训，能提高村民的种植、养殖和管理水平，增加村民经济收入，用科技促社区经济发展。培训费 5 万元 / 年。培训工作结合年度实施项目适时开展。

（二）特色经济林种植项目

与旅游发展相结合，在保护区海峰湿地周边社区高标准种植经济林，规划种植核桃等经济林木，种植面积 10000 亩，以起到示范作用，带动周边群众发展经济林的积极性，调整海峰湿地周边种植结构单一的农耕方式，以减少海峰湿地面源污染。经济林投产后，可增加村民的经济收入，降低当地村民对森林资源的过度依赖，促进周边经济结构的调整。

本项目实施可以结合全省核桃经济林发展规划，列入沾益区核桃经济林发展年度计划来实现。

（三）川滇桤木种植项目

川滇桤木树形高大，树干直，材质好，在建筑装饰等行业有很大的用途，目前木材市场价格较好，适宜在保护区及周边地区的环境生长，可作为保护区实验区零星旱地的退耕还林的主要树种，规划在保护区实验区的零星农地及海峰湿地周边种植川滇桤木面积 10000 亩。

项目结合曲靖市林业产业发展规划，列入沾益区林业产业发展年度计划来实现。

（四）农村能源项目

在保护区周边社区推广节能灶和沼气池建设。目前，保护区周边社区大部分农村燃料主要以薪材为主，节能灶和沼气池还没有在周边农村大范围建设，规划先建立节能灶和沼气池的示范户和示范村，给周边社区进行参观，然后再进行全面铺开建设。目标在周边地区建成节能灶500个，建成沼气池500口。

本项目结合沾益区年度农村能源建设项目，予以倾斜安排，确保建设资金。

（五）农家乐休闲旅游项目

结合保护区生态旅游的开展，扶持生态旅游区周边环境条件较好的农户开展农家乐休闲旅游项目。在旅游培训、旅游道路等基础设施方面给予倾斜和安排。

七、保护区周边产业结构模式

根据沾益区产业政策，结合保护区的实际情况和社区经济发展现状及趋势，保护区周边最佳产业结构模式应该以生态农业为基础，积极调整产业结构，发展生态旅游业为主的协调发展的产业结构模式。

八、社区宣传教育

（一）社区宣传教育的对象

保护区涉及的周边社区较多，人员群体有地方基层干部、社区居民以及中小学生；同时，随着保护区重点工程的实施，有大量的外来施工人员涌入，人员结构有工程项目管理者、技术人员和外来民工。

（二）社区宣传教育的主要内容

对保护区周边社区的宣传教育，普及科学知识，主要是以保护生态环境、自然资源、生物多样性和生态文明等为主要内容。

（三）主要措施

1.通过各种媒体开展宣传、教育活动。主要宣传保护区的目的、对象、生态环境等，从而提高社区干部、群众的生态保护意识、环境意识。把各自的生产、生活活动自觉规范到保护自然、爱护自然的行动中。

2.张贴标语、制作宣传画册。制作宣传标语，并在社区张贴，把保护动植物的图片制作成画册发给周边社区群众，使社区群众了解认识保护区的保护对象。

3.组织巡回宣传，提高公众保护意识。保护区与当地乡镇林业站配合，利用护林防火进行宣传，组织巡回宣传队，提高公众保护意识和法治观念。

4.利用广播、电视和录像加大宣传力度。利用广播、电视和录像对周边社区群众进行宣传，利用集市街日进行广播宣传教育群众，尤其利用一些典型案例对社区群众讲解法律知识。

5. 对中小学生进行环保意识教育。对中小学生进行环保意识教育尤为重要，可编写自然保护方面的教材，结合自然课题进行。

九、社区培训

（一）培训主要目的

1. 拓宽社区群众的眼界，提高社区群众对生态保护的认识。

2. 提高社区居民的从业技能。

3. 有利于保护区建设管理。

（二）培训主要内容

1. 生态环境保护法律培训。

2. 美丽乡村建设培训。

3. 针对保护区所涉及到的社区居民的实际情况以及未来旅游发展的需要，旅游接待培训。

4. 农村实用技术培训。开展经济林木育苗、栽培、管理及病虫害防治技术培训，畜禽养殖、常见病防治技术培训，农作物良种购置及选育、栽培技术培训，非木材林产品引种繁殖技术培训等。

主要参考文献

[1] 云南植被编写组编制．云南植被 [M].北京：科学出版社，1987.

[2] 云南森林编写委员会编制．云南森林 [M].北京：科学出版社，昆明：云南科技出版社，1984.

[3] 西双版纳国家级自然保护区管理局，云南省林业调查规划院编．西双版纳国家级自然保护区 [M].昆明：云南教育出版社，2006.

[4] 云南省林业厅，中荷合作云南省FCCDP办公室，云南省林业调查规划院编．小黑山自然保护区 [M].昆明：云南科技出版社，2006.

[5] 云南省林业调查规划院昆明分院编．云南省沾益海峰自然保护区综合考察报告 [R].2011.

[6] 云南省林业调查规划院昆明分院编．云南海峰自然保护区喀斯特湿地恢复工程建设项目可行性研究报告 [R].2006.

[7] 云南省林业调查规划院昆明分院编．云南沾益省级自然保护区总体规划（2008-2015）[Z].2007.

[8] 国家林业和草原局昆明勘察设计院编．云南沾益海峰省级自然保护区湿地保护工程建设项目可行性研究报告 [R].2014.

[9] 杨岚，李恒主编．云南湿地 [M].北京：中国林业出版社，2010.

[10] 国家林业和草原局等．全国湿地保护工程规划（2002-2030）[Z].

[11] 国家林业和草原局等．全国湿地保护工程"十三五"实施规划 [Z].

[12] 云南省林业厅．云南省湿地资源调查报告 [R].2005.

[13] 何宣，杨士吉 许太琴主编．云南生态年鉴 2013[M].昆明：云南人民出版社，2013.

[14] 上海复旦规划建筑设计研究院．云南省沾益区旅游发展总体规划（2011-2030）[Z].2011.

[15] 云南省林业厅．云南省自然保护区发展规划（1998-2010）[Z].1998.

[16] 云南省林业厅．云南省森林生态旅游发展规划 [Z].2004.

[17] 云南省林业厅．云南省生物多样性保护工程规划（2007-2020 年）[Z].2007.

[18] 云南省林业厅．云南省野生动植物保护及自然保护区建设工程总体规划（2001-2010）[Z].2001.

[19] 云南省环保厅．"十三五"环境保护和生态建设规划 [Z].2018.

[20] 云南省旅游局．云南省旅游发展总体规划 [Z].2019.

[21] 云南省旅游局．云南省旅游产业"十三五"发展规划 [Z].2016.